小美育儿 300 问

阿姨大学 / 编著

吉林科学技术出版社

图书在版编目（CIP）数据

小美育儿 300 问 / 阿姨大学编著 . -- 长春：吉林科
学技术出版社，2021.10
ISBN 978-7-5578-7701-9

Ⅰ．①小… Ⅱ．①阿… Ⅲ．①婴幼儿—哺育 Ⅳ．
① TS976.31

中国版本图书馆 CIP 数据核字（2021）第 060188 号

小美育儿 300 问

XIAOMEI YUER 300 WEN

编　　著	阿姨大学	
出 版 人	宛　霞	
责任编辑	汤　洁	
特约编辑	王美元	
封面设计	张　虎	
幅面尺寸	170mm×240mm	
开　　本	16	
印　　张	12	
页　　数	192	
字　　数	140 千字	
版　　次	2021 年 10 月第 1 版	
印　　次	2021 年 10 月第 1 次印刷	

出　　版　吉林科学技术出版社
发　　行　吉林科学技术出版社
社　　址　长春市福祉大路 5788 号
邮　　编　130118
发行部电话/传真　0431-81629529　81629530　81629531
　　　　　　　　　81629532　81629533　81629534
储运部电话　0431-86059116
编辑部电话　0431-81629519
印　　刷　长春百花彩印有限公司

书　　号　ISBN 978-7-5578-7701-9
定　　价　36.90 元

编委会

做知识分子阿姨

担任"阿姨大学"的校长，缘于投资"阿姨来了"这个家政平台。不同于以往投资的其他项目，"阿姨来了"有着很强的公益属性，不仅是生意，更是公益，非常接地气，也非常刚需。我每年都会抽出一定的时间，跟"阿姨来了"的团队座谈，增进了解，尽可能地多做一些事情，以便更好地帮到她们。直到有一天，创始人周袁红说，想把"阿姨来了"培训部独立出来，成立一个"阿姨大学"，邀请我做校长，我欣然同意了。

我出生于苏北农村，从小就体会到农村妇女的艰辛，她们谋生难，养活家庭更是不易。哪怕是中国经济快速发展的当下，仍然有很多妇女逃不出贫困的桎梏，致富无门，成长无路。扶贫先扶智，希望通过我们的努力，能够帮阿姨们实现求知的梦想、成长的梦想和改变生活的梦想。

每次去"阿姨大学"，我都会强调"做知识分子阿姨"！做知识分子阿姨，意思是用知识和实践完善自己。知，就是科学地理解；识，就是准确地辨别。知识分子不见得一定是有多高的学历，更重要的是对真知的实践和累积。家政需要广泛地接触、深入地了解、积极地实践、不断地提升，这种在实践中沉淀的知识也弥足珍贵，能够帮助新家政人员成为科学的服务者，这才是"阿姨大学"的价值。

"阿姨大学"能做什么，阿姨们能学到什么？《小美育儿300问》给予了很好的回答。书中内容来自一群平凡的劳动者——育儿阿姨，她们把多年的工作经验进行梳理，积微成著、聚沙成塔、归纳总结，形成一本系统的、有很大实用价值的书籍。朴实无华的文字，扎实深入的经验，希望能给新手父母、新手阿姨和每一个有孩子的家庭带去实用、科学的建议。

这本《小美育儿300问》，也是对我培养"知识分子阿姨"观点的呼应和落实。懂得记录和传承，就具有了一种化平凡为伟大的力量。我发自内心地为每一位参与本书撰稿的阿姨而高兴，无论是经验输出者，还是文字编撰者，必将因为这件事情而成长。她们用双手改变了自己的生活，用知识分享改变了别人的生活，她们不断证明着自己的价值。这本书的面世，是"做知识分子阿姨"的力证，它像一盏灯，照亮了每一位平凡岗位上的劳动者。

生活，值得认真对待。我知道"阿姨大学"还有很多知识需要积累，希望阿姨们继续努力，贡献更多的实践真知，出版更多的知识产品。

"阿姨大学"校长　袁岳

2020年10月

学习生活，学会生活

作为一名曾经的央视记者，创业做家政，很多人表示不解。其实原因很简单，就是因为对找阿姨种种不易的切身感受。所以我希望通过自己的努力，能够做好一个管理高效、培训专业、用户放心的品牌家政企业，给像我一样需要家政阿姨的妈妈们带来帮助。

多年工作养成的记者思维让我像做电视节目一样认真地做家政。如同做电视一样，做家政既要关注大的架构，也要留心每一个细节。节目的小错误，关乎央视的颜面，而家政错误，则涉及一个个家庭的安危，一个疏忽，往往会带来不可预测的风险。十几年的家政创业，如履薄冰、战战兢兢，每天面试、培训、考核、回访、调解等一系列事情干下来，也积攒了很多案例和经验。

阿姨们在日常服务中会遇到各种问题，她们除了自己找解决方案外，还会向公司寻求帮助。为此，我们设置了多个社群，阿姨们相互提问和回答，"阿姨大学"的老师们也在群里参与交流，回答问题最多的是"小美老师"。刚开始，"小美"是一个早教老师，发展到最后，"小美"是一个团队，集合了母婴、育儿、早教、护理等方面的专家。阿姨们的问题涉及方方面面，我们把常见问题记录下来，进行汇总，经过3年多的积累、沉淀和迭代，整理出了这本《小美育儿300问》。

"阿姨大学"袁岳校长常常勉励学员，要做知识分子阿姨。这本书就是对袁岳校长最好的回应。家政是一门实践科学，它包罗万象、五花八门，我曾说："在'阿姨大学'，人人都是学生，人人都是老师。在学校要好好学习，回到家里，回到岗位，更要学习，天天学习。"

生活知识无处不在、无所不包，阿姨们在学习的过程中所体现出来的认真、专注、探索、求证的精神，也不断激励我们。

服务阿姨、成就阿姨！用专业成就职业，用专业赢得尊重。从征稿到成书，我见证了"阿姨大学"师生的努力，历经数十次地更改修订，这本《小美育儿300问》终于成书了，作为非专业作者，阿姨们已经做了一件伟大的事情，我相信只要坚持下去，奇迹还会发生。

"阿姨来了"创始人兼CEO　周袁红

2020年11月

目　录

早教篇

安全篇

喂养篇

1 怎么判断新生儿是否吃饱?

Q: 小美老师,怎么判断新生儿是不是吃饱了呢?

A: 首先,要观察宝宝吃奶后的精神状态,一般宝宝吃饱以后会比较愉悦,不再寻找乳头,能自行玩耍或者吃后能很快入睡,通常能睡 2 ~ 4 小时;其次,可以观察大小便的情况,一般 24 小时内宝宝小便在 6 ~ 8 次之间,大便在 1 ~ 3 次之间;最后,观察宝宝体重增长的情况,只要宝宝体重呈增长趋势,满月体重增长 700 ~ 1000 克,就说明宝宝喂养是没有问题的。

2 刚出生 3 天的宝宝吃多少奶粉?

Q: 小美老师,宝宝刚出生 3 天,人工喂养,应该给宝宝吃多少奶粉合适?

A: 出生 3 天的宝宝,属于新生儿,这个时候一定要根据宝宝自己的胃口来决定,还要看宝宝的出生体重。一般情况下,新生儿吃饱了之后,就不会再吃了,不会出现吃撑的情况;而且新生儿在吃饱之后就会睡觉,这时妈妈只要密切观察,掌握宝宝的进食量就可以。给您的参考范围是每次 10 ~ 30 毫升。

3 宝宝 45 天,怎么增加母乳产奶量?

Q: 您好,小美老师,我家宝宝出生 45 天,母乳奶量不足,怎样增加产奶量呢?

A: 建议让宝宝多吸吮、勤吸吮。每天坚持让宝宝吸吮 10 次左右,每次 15 ~ 20 分钟。要吸空乳房,两边乳房都要喂。饮食上,您要吃好,切忌大补,多喝汤水,保证充足的睡眠。每次喂奶前要喝一大杯偏热的水,并用热毛巾热敷乳房。宝宝吃奶时,也可以一边喂一边从乳根向乳头方向轻轻揉揉,晚上睡前用热水泡个脚。您一定要保持心情愉快,要相信自己,只要坚持这样做,奶水就会越来越充足。

4 宝宝一吃奶就睡觉怎么办？

Q：小美老师，我家宝宝 3 个月了，纯母乳喂养，可是宝宝一吃奶就睡觉，不知道该怎么办。

A：其实宝宝一吃奶就睡，说明宝宝吃奶太辛苦。首先要确定一下妈妈的奶量是否充足，然后再采取措施。如可以拉拉宝宝的耳朵，用湿毛巾沾沾宝宝的小脸蛋，宝宝吃奶的时候穿凉快一点儿，通过这些方法来延长宝宝吃奶时间和增加每次吃奶量。其次，培养宝宝规律的吃奶习惯。

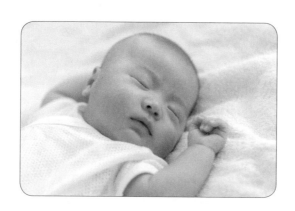

5 宝宝夜间哭，要吃夜奶怎么办？

Q：小美老师，我家毛豆快 1 岁了，夜间一直都要吃两次夜奶，不给就哭，如何让他养成不吃夜奶的习惯呢？

A：宝宝是母乳喂养还是配方奶喂养呢？夜奶每次要吃多少？

Q：配方奶，每次 180 毫升，凌晨 1 点钟左右吃一次，3 ~ 4 点钟之间会再吃一次。

A：断夜奶需要一个过程，妈妈会辛苦一点儿，建议增加两次喂奶的间隔，逐渐减少喂奶量，如将 3 ~ 4 点钟的奶向后延长 10 ~ 20 分钟，将 1 点的奶量减少 10 ~ 20 毫升，坚持 3 ~ 5 天。宝宝适应后，再重复刚才的方法，尽量将 1 点钟的奶去掉，3 ~ 4 点钟的奶延长到 6 点钟。妈妈要多点耐心。

6 宝宝最近经常吐奶，是什么原因呢？

Q：小美老师，宝宝为什么会吐奶？

A：吐奶是宝宝常见的现象，首先我们要排除病理性的因素，例如，先天性幽门狭窄、胃肠炎、脑膜炎等情况。宝宝吐奶的主要原因是宝宝的胃部发育不完善，宝宝的胃呈水平状，胃底平直，缺乏突出，贲门肌肉发育不如幽门完善，造成胃的出口紧而入口松。当胃内有气体存在时，宝宝体位若发生变化，例如，翻身、换纸尿裤或者伸胳膊、蹬腿，腹压增加时，气体都会上升，同时将奶带出，这样就造成了吐奶。这属于生理性吐奶，一般不影响宝宝的生长发育。吐出的奶液要及时清理，避免流入耳内。

7 纯母乳喂养的宝宝需要喝水吗？

Q：小美老师，20多天的宝宝纯母乳喂养，需不需要喂点水？怕宝宝缺水。

A：正常情况下，母乳喂养的宝宝在6个月前都不要喝水，因为母乳中70%都是水分，足以满足宝宝的需求；当宝宝出现发热、汗多、尿量减少或腹泻等特殊情况时，可以适量给宝宝喂水。

8 妈妈感冒了还能给宝宝喂母乳吗？

Q：小美老师，我感冒了，还能给宝宝喂母乳吗？今天发热挺严重的，体温都38.5℃了。

A：宝宝妈妈，感冒不用停止母乳喂养，因为感冒病毒是通过飞沫传播的，而不是乳汁；相反，乳汁可以将抗病毒的抗体传递给宝宝，帮助宝宝抵抗感冒病毒。您也要好好照顾自己，多喝水，好好休息，戴上口罩。这个时期育儿方面可以让阿姨或者家庭其他成员多参与一些。

Q：妈妈感冒期间能吃药吗？影响哺乳吗？

A：绝大部分感冒药、退热药是不影响母乳喂养的，如百服宁、泰诺等。但是，用药一定要听从医嘱，不要私自吃药哦！

9 母乳可以保存多久？

Q：还有 2 个月就休完产假了，想提前为宝宝储存点母乳，想问小美老师，母乳可以保存多久呢？

A：关于母乳的储存时间您可以参照下面内容：

①室温 25℃能保存 4 小时；

②冰箱冷藏室 2 ~ 4℃时最长储存时间 24 ~ 28 小时；

③冰箱冷冻室 − 20℃时，最长储存时间是 3 个月。

Q：如果我上班当天吸出来的奶够她吃 1 天的，是不是就可以不用冻起来了？

A：可以的，放到冷藏室吧。另外每次吸出来的奶收集到集乳袋后，要排出袋内空气，再合上袋口，写上具体时间、毫升量，每袋就储存宝宝一顿的量。按照日期依次排好序，即使给宝宝吃冻奶也从最早的日期吃起。

10 宝宝厌奶怎么办？

Q：宝宝最近厌奶，有什么好方法可以让宝宝吃奶吗？

A：您好，请问一下宝宝几个月了？是母乳还是配方奶喂养？除了厌奶还有其他表现吗？

Q：5 个月零 10 天，一直母乳喂养，厌奶有半个月了，别的问题没有，就是不吃奶，这半个月体重才长了 200 克。

A：别担心，厌奶期是每个宝宝都会经历的成长过程，因为奶量减少了，所以肠胃代谢慢了。有的宝宝 3 ~ 5 天厌奶现象就消失了，有的宝宝需要的时间会长一些。确保宝宝厌奶不是由于发热、呕吐、腹泻或者精神状态不好等情况引起的就不用担心。根据您说的，宝宝体重增长在正常范围内，宝宝没有其他问题，就不用担心。建议吃奶时尽量保持安静，避免外界的干扰；采取较为随性的喂食方式，不需要按表作业，以少量多餐为原则，等宝宝想吃的时候再吃。妈妈别焦虑，这个时期过去就好了，我们也别强迫宝宝吃。等添加辅食后，宝宝也会出现厌奶的现象。

11 想给宝宝断母乳，需要提前做点什么？

Q: 宝宝快 4 个月了，我也要上班了，不知道母乳喂养能不能坚持下去，现在想给宝宝断母乳，需要提前做点什么准备？

A: 您好，关于母乳喂养，世界卫生组织和国际母乳协会等都要求纯母乳应喂养至少 6 个月，4 ~ 6 个月大的时候可以开始添加辅食，12 个月以上基本可以每天正常三餐 + 两次点心 + 母乳 / 牛奶 / 奶粉，建议自然离乳到 2 岁。因为调查表明，母乳喂养的时间越长，宝宝日常患疾病的概率越低。所以，建议您在母乳充足的情况下还是要继续坚持。可以把母乳挤出来，储存在冰箱中。这样宝宝既可以吃母乳，又不耽误妈妈上班。需要预备好消毒锅、奶瓶刷、吸奶器、集乳袋、背奶包以及 2 ~ 3 个奶瓶。奶水丰富的话，可以提前储存母乳，用集乳袋按照宝宝每次的奶量将母乳收集起来冰冻在 -20℃ 的冷冻室里。宝宝吃的时候，选择最早日期的奶提前一天拿出来放冷藏室里。现在开始让宝宝练习用奶瓶吃奶，一天练习 1 ~ 2 次，让宝宝逐渐适应奶瓶。

12 宝宝奶嘴混淆只吃配方奶怎么办？

Q: 小美老师，宝宝 2 个月混合喂养，现在宝宝奶嘴混淆了，只吃配方奶怎么办？

A: 您好，奶嘴混淆是混合喂养的宝宝常出现的情况，因为奶嘴吸吮起来会比母乳轻松。建议您喂奶前先刺激乳房，喂奶的时候先用乳头挑逗宝宝嘴唇，最好在宝宝不太饿、心情好的时候尝试给母乳，如宝宝还是拒绝母乳，可以用小勺喂，每次喂奶前，先喂母乳。同时家长要多点耐心，给宝宝足够的时间适应，不要强迫宝宝。

13 吃奶粉人工喂养的宝宝需要额外喝水吗？

Q： 宝宝今天出生第 12 天了，人工喂养，每次能吃 80 毫升奶，家里育儿嫂说吃奶粉需要给宝宝喝水，这样是对的吗？

A： 您好，人工喂养的宝宝不一定需要另外喂水，现在的配方奶已经很接近母乳了，如果宝宝 24 小时尿次数在 6～8 次、大便次数在 1～2 次、摄入量正常的话，可以不用喝水；相反，如果出现一天的尿量少于 6 次且颜色深、大便干燥、出汗较多或腹泻等情况可以适当地给宝宝喂些水，大概的参考量为 10～30 毫升。

14 给宝宝更换奶粉时要注意什么？

Q： 小美老师，最近想给宝宝换个其他品牌的奶粉，有什么需要注意的吗？

A： 更换奶粉应该采取循序渐进的过渡方式，根据宝宝的具体情况，把两种奶粉混合使用几天到 1 个月的时间。在这个过程中逐步减少前一个品牌的量，并增加后一个品牌的量。同时还要注意观察宝宝有无胀气、呕吐、腹泻以及皮肤有无红疹等情况，如有异常情况应立即停止换奶粉，严重者还要在医生的指导下更换其他代乳品。

15 9 个月大的宝宝一天该喝多少水？

Q： 小美老师您好，我家宝宝 9 个月了，每天的喝水量有标准吗？

A： 您好，宝宝添加辅食后就需要额外补充水分，但是补充多少要根据宝宝需求和饮食情况来定，毕竟这个月龄还是以奶为主，辅食状态也多是半流质食物，本身水分就很多，所以，没有固定要求必须要喝多少水。我们建议 6～12 个月的宝宝喝水要少量多次。

16　10 个月的宝宝可以喝果汁吗?

Q: 请问一下小美老师,我家宝宝 10 个月了,能不能喝点果汁呢?

A: 您好,宝妈,根据美国儿科学会发布的最新指南:果汁对 12 个月以内的宝宝没有任何营养价值,还会增加肥胖和龋齿风险,不应该纳入饮食。即使 1 岁以上的宝宝,也应严格控制果汁摄入量,并警惕未经杀菌的鲜榨果汁可能带来的大肠杆菌、沙门氏菌感染问题。经常喝有味道的水,容易导致宝宝以后不爱喝白开水。

17　宝宝发热不喝水时可以用果汁替代吗?

Q: 小美老师,宝宝现在发热了不爱喝水,可以给她喝点果汁吗?

A: 宝宝多大了?发热多久了?还有其他症状吗?

Q: 宝宝马上 13 个月了,发热已经 8 小时了,一直低热,就是不喝水。没有其他症状,精神状态也还可以。

A: 这种情况可以喝点果汁,但是要将纯果汁稀释 1 倍以上再给宝宝喝,饮用量大会增加宝宝的肠道渗透压,易引起腹泻。妈妈要把发病情况做好记录,观察宝宝整体情况,如果宝宝发热并伴有大便稀、次数多,则应该少喝,如果发热一直持续还是建议尽快就医,遵医嘱。

18　宝宝便秘可以喝点蜂蜜吗?

Q: 宝宝有点便秘,想给宝宝喝点蜂蜜,可以吗?

A: 蜂蜜对成人是一种很好的滋补品,有些父母用温水将蜂蜜冲淡了喂宝宝喝,把它当成葡萄糖类的营养品,或调在配方奶中给宝宝饮用。其实,宝宝不适合吃蜂蜜。蜂蜜中含有对人体不利的肉毒杆菌,成人抵抗力强,排毒能力强,这种芽孢无法在成人体内生存并繁殖。宝宝稚嫩的肝脏无法排解芽孢繁殖时产生的肉毒素，容易出现中毒症状，比如水样腹泻，反应迟钝导致的瘫痪、呼吸急促甚至衰弱、全身无力，可能还会出现生命危险。

19 宝宝应该什么时候添加辅食？

Q：小美老师，想请教一下，宝宝 4 个月可以添加辅食吗，还是必须要到 6 个月才可以添加辅食？

A：您好，如果现在是纯母乳喂养，并且乳汁充足的话，建议 6 个月添加。实际上辅食的添加不能单纯地限定在 4 个月还是 6 个月，首先要看宝宝是不是做好了接受添加辅食的准备，比如宝宝看到大人进食是否有兴趣，宝宝的头是否能够竖直稳定，宝宝舌头的"顶舌反射"是否消失，宝宝是否学会了吞咽，宝宝是否每次吃完母乳不久又会饿，体重是否是出生时的 2 倍等，总之我们大人不要着急，要跟着宝宝的节奏走。

20 6 个月宝宝一天的饮食怎么安排？

Q：小美老师，我家宝宝 6 个月了，应该怎样安排一天的饮食才算合理呢？

A：请问宝宝是母乳喂养还是配方奶喂养？添加辅食了吗？

Q：配方奶，现在每天中午给她加一顿辅食。

A：可以参考以下时间表，毕竟每个家庭的生活习惯不一样，不同的宝宝作息时间也会有差异。

5：00 ~ 6：00 起床、喝水

7：00 喝奶

7：30 ~ 9：00 小睡或喝奶

9：00 ~ 10：00 小睡或喝奶

11：20 ~ 11：40 辅食＋奶

12：00 ~ 14：40 午睡

15：00 喝奶

15：30 水果泥

17：30 辅食

18：30 洗澡

19：00 ~ 19：30 喝奶入睡

另外，建议在天气好的情况下可以上午、下午各带宝宝在户外活动 30 ~ 40 分钟。

21 米粉和奶粉可以混合吃吗？

Q：小美老师，米粉和奶粉可以混合在一起给宝宝吃吗？

A：您好，米粉和奶粉的添加比例都是经过科学计算的，如果在冲调的过程中加入其他食物，会影响宝宝营养的吸收。同时，奶中含有酪蛋白，会降低宝宝对米粉中蛋白质的吸收率。所以，不建议两者混合吃。

22 第一次添加辅食怎么做？

Q：小美老师，第一次给宝宝添加辅食应该注意些什么？添加什么样的辅食合适？

A：先添加含铁米粉，每天 1 次，每次 1 ~ 2 勺，两奶之间，冲调得稀一些，等宝宝适应了再冲调成稠一些的糊，然后添加一些蔬菜泥、水果泥等。每次添加单一种类，观察 3 天后，无异常可以加另外一种，如果有异常必须停止这种辅食，半个月后再试。

23 宝宝不爱吃辅食怎么办？

Q：小美老师，我家宝宝 10 个月，最近不爱吃辅食，有什么好的办法吗？

A：您好，宝宝现在每次辅食能吃多少？不吃辅食有多长时间了？辅食一天吃几次？

Q: 现在一天吃两次，上午 9 点和下午 3 点各一次，上午辅食后过一个小时吃点水果，不吃辅食大概有 4 天了，奶量也没增加，每次一喂辅食就摇头，再喂就哭还耍赖，宝爸拿手机哄着还能吃几口。

A: 宝妈，建议不要追喂或用玩具、手机逗引，以免养成不良习惯。同时，我们也需要在生活中去找宝宝不爱吃辅食的根源，比如：吃的零食太多，运动量很少，喂养过于频繁宝宝没有饥饿感。让宝宝主动吃饭首先要有饥饿感，不给宝宝零食，这顿不吃那就等着下顿再吃，这就是饥饿疗法，效果是最好的。再适当增加宝宝的运动量，让宝宝爬一爬、动一动，帮助消化。然后，吃饭还需要定时，吃辅食的时间最好和大人吃饭的时间相同，促进饮食欲望，也让宝宝学会模仿大人进餐的方法，给宝宝动手吃饭的机会，别怕弄得哪里都是，宝宝自己动手吃更能体会吃饭的乐趣，以及对食物的敬畏之心。最后，我们也要放低期望值，这次他吃了一口，下次吃两口就是进步。

24 宝宝添加辅食 1 个月没长肉是怎么回事？

Q: 小美老师，问一下，我们家宝宝添加辅食这 1 个月都没长肉，这是怎么回事？

A: 宝宝这 1 个月奶量有变化吗？每顿辅食吃多少？

Q: 添加辅食后奶量比以前少了，每次只有 120 ~ 140 毫升，以前都吃 160 毫升的奶，辅食吃得挺好的，也吃得不少，就是不长肉。

A: 1 岁前还是要以奶为主，辅食不要吃得太多，宝宝这 1 个月没长肉，有可能是奶量不够，造成营养吸收不足，或辅食添加没有适应宝宝的消化能力。建议还是减少辅食量，增加奶量，少给零食，增加运动量促进消化吸收。而且，宝宝在 4 个月以后生长速度会放缓，宝宝出生后，前 3 个月的生长是后 9 个月之和，建议对比下这个月龄宝宝生长发育表，再做判断。

25 宝宝的辅食中可以加糖吗?

Q: 小美老师,给宝宝的辅食中添点儿糖可以吗?

A: 您好,1岁以内的宝宝最好不要吃纯糖的食物。因为宝宝生来就喜欢甜味,过早地添加,更容易造成宝宝挑食和厌食,会对宝宝今后的饮食习惯产生影响。

26 宝宝有湿疹应该怎样添加辅食?

Q: 小美老师,我家宝宝一直都有湿疹,现在7个月了,一直不敢添加辅食,就怕加重湿疹症状,希望小美老师能给点儿建议。宝宝6个月体检时,向医生咨询过,医生建议尝试一下,如果加重就停止。那个阶段宝宝湿疹刚有好转,没敢添加。

A: 在正常情况下,无论是母乳喂养还是配方奶喂养,都应该在6个月以后尝试添加辅食。虽然宝宝有湿疹,但是延迟添加辅食并不能减轻湿疹。所以,也建议您尝试给宝宝添加。从加铁米粉开始,连续3~5天,每天吃3克,最好安排在上午吃辅食。一定要24小时观察宝宝情况,如果没有加重湿疹,可以把量增加到5克,一点一点地加,不要着急。当适应米粉后,可以尝试加蔬菜泥,如南瓜泥、西蓝花泥、胡萝卜泥等,每次添加一种新食材,操作的方法和加米粉一样。注意避开容易过敏的食物,如草莓、猕猴桃、山药、杧果等,如果添加辅食后湿疹症状严重,须马上暂停添加辅食,然后就医。

27 宝宝缺铁性贫血要吃什么辅食?

Q: 宝宝8个月了,一直母乳喂养,这次体检测出宝宝缺铁性贫血,要给宝宝吃点什么辅食可以补铁?

A: 如果缺铁严重还是要听从医嘱药补,如果不严重,妈妈要注意平时饮食多样化,适当增加一些含铁量高的食材,如动物肝脏、精瘦肉、紫菜、黑芝麻、蛋黄、绿叶蔬菜等。宝宝辅食要切得越小越好，添加也要多样化，像上述所说的食材都可以吃。

28 宝宝多大时可以在辅食中加调味品，放多少？

Q：请问宝宝多大可以在辅食里放盐和儿童酱油呢？放的标准是多少？

A：您好宝妈，建议宝宝 1 岁后可以少量添加食盐，每天不能超过 1.8 克。至于儿童酱油等调味品我们建议 2 岁后再给宝宝吃。

29 宝宝多大以后可以吃略粗的食物？

Q：我家宝宝 7 个月了还没长牙，阿姨做辅食有点儿粗，我怕宝宝咽不下去没让吃，想咨询一下多大以后可以吃点儿略粗的食物啊？

A：您好宝妈，别担心，7 ~ 9 个月宝宝不论是否长牙，都要开始逐渐添加半固体食物，从稠粥、蛋羹到各种肉泥、磨牙食品等都可以试着喂一喂，即便没有牙齿，宝宝也会用牙床咀嚼并很好地把食物咽下去。而且略粗质的食物也可以刺激牙床发育，促进牙齿生长以及锻炼宝宝的吞咽能力，对今后的语言发育也有好处。7 个月宝宝的辅食可以切成 0.5 厘米的薄片，蒸软烂一些给宝宝吃。

30 自己在家如何做猪肝粉并存储？

Q：小美老师，我想自己在家做猪肝粉，请问怎么做？做好怎么储存？

A：①将猪肝洗净，切成薄片，用清水浸泡10分钟，多次反复浸泡、冲洗。

②可以先用盐擦拭猪肝，这样做有很好的去腥效果，然后用流水将盐彻底冲洗干净。

③猪肝洗干净后，冷水入锅，大火焯出浮沫，再重新换水，焯至熟透，其间可以加入几片生姜去腥。

④将焯熟的猪肝捞出，放入凉水中清洗一遍，再切成碎颗粒，切得越小越好。热锅开小火，不要放油，倒入猪肝颗粒，小火炒至干燥无水分，整个过程要不断搅拌，以免煳锅。

⑤翻炒至无水分后，盛出放至冷却，然后放入辅食机中搅拌第一遍。

⑥搅拌成粉末后，再次放入炒锅中翻炒，直至水分基本收干。

⑦放入辅食机中再次打成粉，最后再用筛网过筛，筛剩的颗粒继续用辅食机打成粉，最后用一次性食品袋或辅食盒按每次的进食量分开装好，放到冰箱的冷冻室里，随时吃随时拿，每次做的量不要太多，每周吃1~2次就可以了。

31 怎么给宝宝做牛肉泥？

Q：小美老师，我想给宝宝做牛肉泥，怎么做呢？

A：您好，将牛肉切片，焯熟或蒸熟，用宝宝辅食机或料理机打成泥状就可以了。

32 宝宝多大可以吃奶酪？

Q：小美老师，请问8个月宝宝可以吃奶酪吗？

A：您好，建议满1周岁以后再吃奶酪，选择宝宝专用的无盐或低盐奶酪，每天20~30克就可以了，最好安排在早上吃。

33 买 BB 煲要注意什么?

Q：小美老师，什么品牌的 BB 煲比较好?

A：市场上的 BB 煲品牌很多，基本功能差不多，建议买正规厂家生产的商品，购买时一定要查看是否有 ® 的标志。

34 宝宝的汤里可以放冬虫夏草吗?

Q：小美老师好，想问一下给宝宝煲汤可以放点儿冬虫夏草吗?

A：不可以。人参、鹿茸、冬虫夏草等营养品不要给宝宝吃。我们觉得好，但是宝宝小小的身体承受不了，这些补品中含有激素和微量活性物质，会影响宝宝正常的生理代谢。如果宝宝身体比较弱，建议在医生指导下进行调养。

35 宝宝早餐吃水煮蛋好还是煎蛋好?

Q：请问早餐能不能把煮蛋换成煎蛋吃呢?

A：鸡蛋最好的做法就是水煮，更有利于营养的吸收。在煎蛋的过程中，蛋白质流失比较大，损失营养价值；而且煎蛋口感相对硬，影响消化。所以不建议给宝宝吃煎蛋。

36 宝宝多大可以吃油，吃什么油？

Q：小美老师，请问宝宝什么时候可以吃油？

A：您好，一般建议出生 6 个月以后就可以给宝宝吃油。

Q：那选择什么油比较好呢？

A：处在生长发育中的宝宝，对食物的要求相对较高，对油的选择也不例外。建议选择 α - 亚麻酸含量丰富的油，如亚麻籽油、橄榄油、优质菜籽油、大豆油、调和油等。

37 怎样给宝宝选择水果？

Q：如何给宝宝选择水果以及在给宝宝添加水果时应注意什么？

A：给宝宝吃的水果一定要选择当季的新鲜水果，最好在两餐之间吃水果，比如午睡醒来以后吃一些苹果或香蕉等，不要在餐前、饭后喂水果，这样会影响宝宝的消化和食欲；妈妈需要注意的是一定不要拿水果代替蔬菜，水果和蔬菜的营养差异很大，与蔬菜相比，水果中的无机盐和粗纤维含量较少，不能给肠肌提供足够的动力。不吃蔬菜的宝宝经常会有饱腹感，食欲下降，营养摄入不足，势必影响身体发育。

38 宝宝只吃个别几种水果怎么办?

Q: 宝宝 9 个月，只吃香蕉，其他水果都不吃，有什么好办法吗？

A: 虽然宝宝不吃其他水果，但是，我们还是要不断地尝试给宝宝添加。每次吃一种新食材时，妈妈可以跟着一起吃，并表现得特别好吃的样子。这次宝宝吃了一口，下次吃两口就是进步，要及时给予宝宝鼓励。尝试让宝宝自己吃，自己动手吃会增加宝宝吃的欲望，如把牛油果切片，让宝宝自己拿着吃，能吃多少吃多少，大人在旁边看护。初次操作时，宝宝会用手捏来捏去就是不往嘴里放，别担心，多给宝宝一些这样的机会，让宝宝通过感官充分地认识这些食物，慢慢地，宝宝就会自己拿着吃了。还有一点，千万不要在宝宝的面前说他不喜欢吃这个、不喜欢吃那个，这样宝宝会产生心理暗示"我不喜欢吃……"，要给宝宝正向的鼓励、引导，再好的方法也需要坚持，相信宝宝慢慢就会吃各种水果了。

39 宝宝吃饭磨蹭怎么办?

Q: 2 岁宝宝吃饭磨蹭，有什么好方法改掉她的这个坏习惯吗？

A: 您好，宝宝吃饭磨蹭有几个因素：
①没有饥饿感。白天吃的零食或奶量太多，宝宝根本不饿，吃饭的时候自然没食欲而磨蹭。这种情况可以增加宝宝的运动量，少给零食和饮料，过了饭点就收起来，把宝宝餐尽量做得色香味俱全来吸引宝宝。

②咀嚼能力差。由于宝宝吃液态和糊状食物时间比较长，咀嚼能力没有得到及时的锻炼。这种情况可以在生活中锻炼宝宝的咀嚼能力，吃水果不要切成丁或小块，就直接给宝宝一个苹果吃。
③不规定宝宝的饭量，让宝宝自己决定吃多少。

40 宝宝偏食怎么矫正?

Q: 小美老师,宝宝偏食,担心她会营养不均衡,怎么办呢?

A: 要想改变宝宝偏食的习惯,首先要改变直接照看宝宝的人对食物的偏见,改变教育方法,以身作则耐心解说引导,使宝宝正确对待各种食物。同时注意烹调方法,变更食物的花样和味道,鼓励宝宝尝试进食各种食物并肯定其进步,以培养宝宝良好的进食习惯。下面介绍几种合理而又可行的纠正宝宝偏食的方法:

①家长态度要坚决,如果发现宝宝不喜欢某种食物,家长要避免使其"合法化"。因为家长的默许或承认会造成宝宝心理上的偏执,把自己不喜欢的食物越来越排斥在饮食范围之外。

②培养宝宝对多种食物的兴趣,每当给宝宝一种食物的时候,都要用其能听懂的语言把这一食物夸奖一番,鼓励宝宝尝试。家长自己最好先津津有味地吃起来,宝宝善于模仿,一看家长吃得很香,自己也就愿意尝试了。

③设法增进宝宝的食欲,食欲是由食物、情绪和进食环境等综合因素促成的。除了食物色、香、味等的良好刺激外,还需要宝宝进食时心情愉快。与其在宝宝不高兴时拿食物来哄他,不如等到宝宝高兴以后再让他吃。宝宝进食的时候要避免强迫、训斥和说教。

41 宝宝需要额外补充 DHA 吗?

Q: 小美老师,宝宝需要额外补充 DHA 吗?我们同事家宝宝都在吃 DHA,我也不知道要不要买。

A: 宝妈,DHA 不需要单独来补充的,母乳和配方奶中都含有 DHA,可以满足宝宝生长所需,您不必担心。

42 8 个月宝宝吃什么比较补铁?

Q: 小美老师,宝宝 8 个月了,体检时医生说要多吃点含铁食物,这个月龄吃哪些含铁食物比较好啊?

A: 您好,如果宝宝不贫血,可以丰富一下膳食结构,强化铁米粉肯定是少不了的,8 个月以后也要及时添加含铁丰富的其他辅食,如蛋黄、鱼泥、肝泥、瘦肉等;适当添加蔬菜、水果等富含维生素 C 的食物,促进铁的吸收。

Q: 怎么给宝宝做肉食吃呢?

A: 第一次给宝宝添加肉食,要从肉泥开始,连续添加 3 天,每天给 3 克就可以了。上午辅食时间吃,观察宝宝有无不良反应,如果没有就可以增量了。最好选择新鲜的精瘦肉,煮熟后磨成肉泥,可以和米粉、粥、面片一起吃,还可以做成肉松,按宝宝每次的量装好冻在冰箱里备用。

43 怎样给宝宝吃益生菌和保健品?

Q: 小美老师,请问什么品牌的益生菌好? 哪些保健品适合宝宝吃?

A: 不同益生菌产品的菌株不同,到底哪种更适合宝宝,建议遵医嘱选择。至于保健品,我们不建议给宝宝吃任何保健品。如宝宝在营养元素上有不足,也建议遵医嘱,科学补充营养元素。

Q：小美老师，请问益生菌要怎么吃？

A：您好，益生菌一定要用温水冲调，水温最好在 35 ～ 40℃，千万不要用沸水冲泡，那样会"烫死"益生菌。冲调的时候，先调好水温，再将粉剂的益生菌冲入温水中，保证益生菌的活性。益生菌最好在饭后 20 分钟服用，因饭后胃酸浓度低，更利于活菌顺利到达肠道发挥作用。冲好后半小时内服用，放置时间太久起不到预期效果。

44 1岁宝宝能吃月饼吗？

Q：请问一下，宝宝 1 岁多了，能吃月饼吗？

A：不建议 3 岁以内宝宝吃月饼，月饼是高糖、高热量食物，不利于宝宝的消化和吸收，还会影响宝宝的正常进餐。

Q：哦，这样啊，那吃一点点应该没事吧？

A：已经给宝宝吃过了？吃一小口没关系，但是，为了宝宝的健康，不要多给哦。

健康篇

1 出生4天的宝宝尿液发红是怎么回事？

Q: 宝宝今天出生第4天，换纸尿裤时发现尿液有点发红，是不是尿血了？

A: 新生儿在出生后2～5天排尿时啼哭，并见尿液染红尿布，持续数天后消失。因为新生儿的尿量较少，加之出生后血液中的细胞生理性的破坏较多，使血液中尿酸增多，尿液中的尿酸盐排泄增加，尿液被染成红色。此时可加大哺乳量或多喂温水以增加尿量，防止结晶和栓塞。可留宝宝的尿液送医院化验，没有尿红细胞即可排除"血尿"。

2 新生儿反流怎么办？

Q: 小美老师，新生儿反流是什么原因？应该怎么处理？

A: 首先，观察新生儿的症状，再做判断和治疗。如果新生儿出现了反流现象，而且哭闹严重，新手爸妈可以尝试停止喂奶15～30分钟，如果还是出现了哺乳困难，新生儿体重还有所下降，要及时看医生。另外，新生儿反流特别严重时，要找专科医生讨论治疗方法。当新生儿呕吐出来的东西混杂，伴有黄绿色呕吐物，呕吐物量大且特别频繁，并且喂奶过程中新生儿出现弓背或者不停哭闹时，必须立刻就医。除此之外，新生儿如果出现了很用劲儿呕吐，而且是喷射状呕吐时；肚子明显变得很大，但是排便量减少；尿尿的次数减少，体重下降或者是增长减缓时；也需要立刻就医，千万不要耽误宝宝治疗的最佳时间。

3 刚出生的宝宝脐带周围有褐色分泌物是什么原因？

Q：我家宝宝刚出生 3 天，脐带周围有褐色的分泌物，已经结痂，是什么原因？

A：宝宝肚脐在最初形成时，可能会有褐色的分泌物出现，这种褐色的分泌物大多属于正常现象。如果宝宝肚脐没有明显的红肿或者凸起等异常症状，就没有关系。这时可以用医用棉签蘸碘伏或生理盐水，将发硬的褐色分泌物浸湿润后再稍等片刻，待褐色的分泌物变软后再用棉签轻轻地将分泌物擦拭掉。

4 新生女宝宝尿布有月经样的分泌物是怎么回事？

Q：小美老师，刚出生的女宝宝今天换尿布时发现有月经样的血性分泌物是怎么回事？

A：有的女婴出生 3 ~ 7 天会从阴道内流出血性分泌物，持续时间一般不超过 1 周，这种短暂的阴道出血现象为"假月经"。出现这种情况父母不必着急，更不要害怕，因为这是一种正常的生理现象，主要是受雌激素的影响，几天后便会消失，只要保持会阴部的清洁和干燥就可以了。

5 刚出生的宝宝乳房肿大是怎么回事？

Q：小美老师，刚出生的宝宝乳房有些肿大是怎么回事？

A：新生儿乳房肿大，是由于母体雌激素和孕激素的影响，多数新生儿经过 2 ~ 3 周可消退，少数要延续 1 个月以上。这类乳腺肿大并非病态，无须做任何处理。切勿按摩、挤压，以免皮肤破损而引起感染。如果肿大的乳房出现发红或局部发热的现象，要及早送医院诊治。

6 **婴儿脖子后面有红斑是怎么回事?**

Q：小美老师，宝宝脖子后面有红斑是怎么回事?

A：①这种红斑也叫作新生儿焰红痣，俗称"鹤吻痕"，这个命名来自关于鹤的神话故事，传说鹤是抓着宝宝背部和颈部将其偷走的。
②如果发现你家宝宝身上有胎记，不必惊慌，要先确定是什么胎记，再去看医生，尽管有一小部分粉红色斑块可能会持续很久，但大部分都会随着宝宝年龄的增长而逐渐变淡，一般在宝宝1岁半左右消失。因此，妈妈不用担心。

7 **新生儿黄疸是否需要停止母乳喂养?**

Q：小美老师，新生儿黄疸是不是需要停止母乳喂养?

A：不要随意停止哺乳，只要黄疸指数不高，出生1周后宝宝黄疸指数 <17mg / dl，且不是因病毒感染造成的严重乳儿肝炎综合征，就没必要进行干预，无须暂停母乳喂养。

8 **母乳喂养2个月宝宝红臀了怎么办?**

Q：宝宝是母乳喂养，现在2个月了，今天发现宝宝红臀了，怎么办?

A：妈妈饮食清淡一些，饮食要少盐。白天可以减少给宝宝使用尿不湿，大便后流水冲洗小屁屁，用擦屁股毛巾蘸干，不要使劲擦，等屁屁晾干后，涂抹护臀膏。小便后也要用干净方巾蘸上水，擦干净残留的尿渍，晾干皮肤。宝宝睡着后可以侧卧位，让宝宝的一条腿搭在另一条腿上，露出屁屁晾一晾。中午也可以给宝宝晒晒小屁屁。

9 哺乳期妈妈乳头破裂怎么办?

Q: 哺乳期妈妈乳头破裂应该怎么办? 可以继续为宝宝哺乳吗?

A: 如果乳头皮肤损坏,细菌就会进入乳房组织,容易引起乳腺炎或脓肿。如果宝宝停止吸吮,乳汁不能排空,感染发生的可能性很大。产后哺乳时,要注意防止宝宝咬伤乳头。乳头长时间受宝宝唾液浸泡也容易发生皲裂,因此每次喂奶时间不宜过长,一般以 15 ~ 20 分钟为好;也不要让宝宝含着乳头睡觉。其他防护措施还有清洗乳头时停止使用碱性大的肥皂、洗涤剂,不要涂抹药物性油脂。改进宝宝吸吮姿势并继续给宝宝母乳喂养,可以先从不痛的一侧乳房喂养,当喂养姿势改进后,通常疼痛会逐步改善,皲裂会很快愈合。

10 宝宝肚子总是咕咕响是什么原因?

Q: 我家宝宝 36 天,肚子老是咕咕响,是饿了,还是生病了?

A: 有些宝宝肚子里经常会咕咕响,而且并不是因为宝宝肚子饿了。其实,这是宝宝的肠鸣声。这是由于宝宝腹壁薄、肠蠕动快产生的,是一种很正常的现象。

11 2 个月宝宝 2 天排便一次正常吗?

Q: 小美老师,宝宝 2 个月,2 天拉一次需不需要格外关注?

A: 如果宝宝精神状态好,吃奶正常,每 2 天排便一次,就说明宝宝的排便规律是这样的,每个宝宝都不同,存在个体差异。

12 2个半月母乳喂养的宝宝大便突然有泡沫是怎么回事？

Q：小美老师，我家宝宝2个半月，母乳喂养，大便一直有奶瓣，今天宝宝拉的便便突然有很多泡沫，是怎么回事啊？

A：宝宝近1个月体重增长了多少？宝宝还有其他症状吗？

Q：这半个月长了1斤，除了大便有变化，其他没发现，吃奶和睡觉都正常。

A：宝宝长得很好，您不必担心。宝宝消化功能尚未完善，拉的臭臭就会出现泡沫，也有可能是因为近期妈妈饮食中糖类食物过多。奶瓣的因素有很多，我们宝宝长得好，即使有奶瓣也没关系。妈妈最近需要控制一下饮食，避免摄入高糖、高油脂的食物。

13 3个月混合喂养宝宝大便为什么是绿色的？

Q：小美老师好，想问一下宝宝3个月，刚刚混合喂养，宝宝大便是绿色的怎么回事？

A：如果宝宝精神状态、吃奶和睡眠都正常，妈妈就不用担心，有可能是配方奶中铁含量比较多或者妈妈吃的高铁食材比较多，宝宝无法全部吸收而产生的正常排泄。也可能是宝宝没吃饱，饥饿性绿便。多观察宝宝，看看宝宝是不是每次吃完奶就很满足，心情愉悦。

14 3个月宝宝7天没排便怎么办？

Q：小美老师，我家宝宝3个月了，已经7天没排便了怎么办？

A：宝宝有其他不适吗？吃奶和睡觉正常吗？您摸摸宝宝腹部硬不硬？

Q：宝宝一切正常，肚子也不硬，母乳也够吃。

A：有可能是攒肚了，有的喂母乳的宝宝在2～3个月大时，2～3天甚至5～7天不排大便。有的宝宝攒肚10天才排便，但排出的为黄色软便，排便时不困难，不影响宝宝的生长发育，这种现象称为攒肚。父母不要担心，这是正常现象，可顺时针按摩宝宝腹部，帮助宝宝排便。

15 宝宝最近 2 天总放臭屁，是怎么回事？

Q：小美老师，我家宝宝最近 2 天总放臭屁，还有点酸味，怎么回事啊？

A：您好，宝宝妈妈，宝宝几个月了？

Q：宝宝 3 个月了，是纯母乳喂养。

A：宝宝放屁同时带有明显的酸臭味，可能是消化不良的表现，通常是进食了过多的高蛋白、高脂肪食物所致。宝宝正在母乳喂养，妈妈需要调整一下近期的饮食，避免吃得太油腻，同时避免高油脂、高蛋白、高脂肪食物的摄入。

16 宝宝老吐奶是为什么？

Q：小美老师，宝宝为什么老吐奶？是不是吃多了？

A：宝宝多大了，体重是多少？现在每顿吃多少奶量？还有其他现象吗？

Q：宝宝 4 个月了，前两天测量时 7.2 千克，这个月长了不到 1 千克，每次吃 120 ~ 140 毫升吧，别的现象没发现，就是吐奶。

A：都挺好的，除了吐奶也没别的问题，您可以放心。生理性吐奶是宝宝常见的现象，原因是宝宝食道下端和胃的上开口——贲门肌肉力量较弱，只要腹压增高，胃内容物就可能反流进入口腔，出现吐奶现象。还有就是宝宝吃奶的时候可能吸入了一些空气，每次吃完奶后都拍拍嗝，会好一点。一般没什么大问题，6 个月以后吐奶会逐渐减少，以后就不吐奶了。

17 宝宝打嗝时怎么做?

Q: 宝宝经常打嗝,家里老人认为是宝宝受凉引起的,会用小被子把宝宝整个包住。这样做对吗?

A: 事实上,大部分宝宝都会时不时打嗝,有的甚至在妈妈的肚子里就会打嗝。打嗝的原因有很多,一般是消化系统受刺激而引起的。打嗝并不是病,随着宝宝的长大,神经系统及消化系统发育完善,打嗝会自然消失。因此,遇到宝宝打嗝不必紧张。如果宝宝打嗝,可以将宝宝的背竖起来轻拍,或者让宝宝连续喝几口母乳或温水。

18 宝宝刚加配方奶有点便秘怎么办?

Q: 我儿子刚加配方奶,这两天有点便秘,是喝配方奶引起的上火吗?

A: 您好,宝宝多大了?

Q: 4个月,母乳不够吃,添加了配方奶,才喝了5天就便秘了,我们担心是吃奶粉上火,要不要更换奶粉呢?

A: 是这样的,人工喂养的宝宝,如果喂养方法不当,比如奶粉过浓、喂奶过于频繁等,就会导致宝宝便秘,一般情况下调整喂养方式就可以缓解。建议一定按照配方奶冲调比例和冲调方法冲调奶粉,母乳喂养时是按需哺乳,但是配方奶喂养需要固定时间,按照宝宝的月龄每3小时喂一次,每天适度地按摩宝宝腹部2~3次,宝宝状态好的时候让他

趴着玩一会儿来促进肠道蠕动。宝宝现在吃这款奶粉已经有5天了,也在逐渐适应,如果没有其他症状的话不用换奶粉,做好日常护理,正确冲调,科学喂养就可以了。

19 怎么辨别宝宝是攒肚还是便秘?

Q: 小美老师,怎么才能辨别宝宝是攒肚还是便秘呢?

A: 宝宝未大便期间,吃奶、睡觉、玩耍都照常,精神状态良好;排便时,没有非常不适的表现,大便形状也基本正常,软软的不干不硬,那就是攒肚子了。如果宝宝排便困难,便干便硬,排便哭闹或烦躁,就是便秘了。

20 宝宝大便干,排便困难怎么办?

Q: 小美老师,我家宝宝大便硬硬的,排便有点困难,怎么办啊?

A: 您好,宝宝现在多大了?几天一排便呢?

Q: 宝宝快 8 个月了,这半个月一直排便不规律。

A: 喂养要保证足够量的食物摄入,不管是吃奶还是吃食物,宝宝如果吃得太少,食物残渣就少,不容易产生便意,大便会变少变稠。另外吃得不要太精细,食物中蛋白质太多,糖类不足,缺乏膳食纤维,会使肠道缺乏刺激,不容易产生便意,要保证水果蔬菜每日摄入,尤其是纤维素多的食物,如青菜、香菇、萝卜、南瓜、红薯、香蕉等。尽量培养宝宝养成规律的排便习惯,如果宝宝每天定时排便,粪质在结肠停留的时间短,大便就不会太干,比较容易排出。适当增加宝宝的运动量,可促进胃肠蠕动以及消化吸收;适当给宝宝喝点水,不要求量,勤喂几口,尤其是宝宝尿少而黄、嘴唇干时,一定要多喝点儿水。坚持这些方法,便秘就会远离宝宝了,同时您可以试试配合顺时针腹部按摩。

21 宝宝腹泻怎样饮食?

Q: 腹泻的宝宝饮食应注意什么?

A: 宝宝腹泻的时候,肠胃功能减弱,所以应多食用易于消化的食物。而牛奶、豆制品容易引起腹胀,芹菜、大白菜、柚子等富含纤维素,肉类、奶油等高脂肪食物都属于不易消化的食物,在宝宝腹泻期间最好少食或不食。

22 宝宝出生 3 ~ 4 天体重下降是什么原因?

Q: 宝宝出生 3 ~ 4 天后发现体重下降了是怎么回事?

A: 这是因为宝宝前几天奶的摄入量比较少,而全身皮肤面积大、散热快,水分蒸发得也快,就出现了生理性的体重下降。一般 7 ~ 10 天就会恢复到出生体重,体重下降不会超过出生体重的 10%。如果宝宝长时间体重不恢复或体重下降过多要及时查找原因。

23 5 个月宝宝近 2 个月身高长得慢正常吗?

Q: 小美老师,请问宝宝 5 个月了,近 2 个月身高长得慢了怎么办? 体重倒是正常。

A: 您好,只要在正常范围内就不用担心,我们先做好日常护理。首先,要保证宝宝的睡眠,晚上 9 点前必须入睡,适当增加宝宝的运动量,来促进生长激素的分泌;其次,每天要保证奶的摄入量;最后,请家长不要因此而焦虑,宝宝的个体差异较大,生长发育都有所不同,标准只是衡量的工具,但不是绝对。做好日常护理,适当增加户外时间,多晒晒太阳,多做一些伸展运动。注意观察宝宝整体发育情况,如果宝宝停止生长,建议及时就医找出根源。

24 2 个月宝宝囟门附近有结痂能洗吗?

Q: 宝宝 2 个月,最近发现囟门附近有结痂,能洗吗?

A: 可以洗。妈妈可以用指腹轻轻地给宝宝进行清洗,只要做到不大力按压就没关系。不要去抠掉结痂,一般洗几次头发结痂就会掉。另外还可以涂抹一些抚触油或橄榄油,让结痂湿润不干燥,也利于结痂脱落。

25 宝宝脐疝该如何护理？

Q：宝宝脐疝是怎么回事，应该如何护理？

A：由于脐部发育缺陷，脐环未闭合或脐带脱落后脐带根部组织与脐环粘连愈合不良，在腹内压力增高的情况下，腹腔脏器穿过韧带间的空隙，突出到脐环外，就形成了脐疝。快满1个月的宝宝很容易发生脐疝，因为宝宝用力或者哭泣的时候，会使腹压增加，所以发生脐疝的宝宝通常是那些经常用力使脸变红和脾气急躁的经常哭的宝宝，以及那些因母乳不足而经常哭的宝宝。腹壁关闭不严以早产儿多见，所以脐疝的发生率以早产儿为高。脐疝的护理方法：尽量避免宝宝哭闹，做好安抚；避免宝宝吸入大量空气或吃得过多，勤给宝宝做排气操，防止胀气；注意观察，如果脐疝按压不能回去，摸起来是硬的，宝宝还哭闹不止，需要及时带宝宝去小儿外科就诊，注意不要用压迫法哦！

26 宝宝脐疝生活中要注意什么？

Q：小美老师，我家宝宝脐疝，生活中有没有什么需要特别注意的？

A：宝宝患有脐疝，应该注意尽量减少他腹压增加的机会。 比如：不要让宝宝无休止地大哭大闹，避免宝宝感冒咳嗽，调整好宝宝的饮食，避免宝宝发生腹胀或便秘。其实不需要任何措施阻止或减缓脐疝。随着宝宝的成长及腹壁肌肉的发育，脐疝会自然消失，一般需半年到一年的时间，1岁以内便可痊愈。但如果脐疝越来越大，脐环直径超过2厘米，就应该及时带宝宝到小儿外科去就诊。

27 宝宝屁股出现尿布皮炎怎么办?

Q: 小美老师,我家宝宝屁屁上这两天出现了尿布皮炎是怎么回事啊?

A: 尿布皮炎的形成原因是潮湿的皮肤互相摩擦或正常皮肤长期受湿尿布刺激。因小便中的尿素被细菌分解产生氨,皮肤受氨刺激而发生皮炎。宝宝皮肤细嫩,更易发生尿布皮炎。

Q: 那我应该注意什么呢?

A: ①尿布要勤换,一定要为宝宝选用合适的尿布或高质量的纸尿裤,这是避免尿布皮炎发生的重要因素之一。

②便后勤清洗,每次大小便后,必须将局部用温水洗净、吸干,然后给宝宝小屁屁搽上一层薄薄的润肤油。注意清洗臀部时,避免用刺激性肥皂;洗完不要扑粉,避免粉与大小便结成块对小屁屁造成刺激。

③尿布下最好垫一块棉的或较厚的尿垫,尿垫下再放油布或塑料布。尽量不要让塑料布或油布直接接触皮肤,因为它们都密不透气,影响水分的吸收及蒸发,这是造成尿布皮炎的诱因。

④不要用成人洗衣粉或衣物柔顺剂洗尿布,避免引起皮肤过敏。要彻底把尿布清洗干净,洗净的尿布一定要晒干,潮湿的尿布也会沤出尿布皮炎。

⑤如果你的宝宝有尿布皮炎,未脱皮溃烂可外涂鞣酸软膏,已脱皮溃疡有渗出的可涂氧化锌油以吸收渗出物。

⑥若出现下列情况,就应看儿科医生:如病变皮肤上出现水疱或有脓,皮疹持续了2天以上不消失或更严重。

28 宝宝起白色小疹子和红斑怎么办?

Q: 宝宝自从出生后,先是长满了白色的小疹子,然后脸上又出现一片片的红斑。宝宝还小,又不敢给他随便抹药,应该怎么办?

A: 其实，部分刚出生的宝宝鼻尖或小脸上常会长满黄白色的小疹子，这种疹子叫作痱子，是由于宝宝皮脂腺分泌旺盛造成的。

一般来讲，痱子在宝宝出生后 2 ~ 6 个月时就会自行吸收。这段时间千万不要用手去挤，以免引起局部感染。有的宝宝头部、面部、躯干和四肢等部位会出现大小不等、边缘不清的多边形红斑，这是由于宝宝皮肤表面的角质层还没有完全形成，皮肤还很娇嫩，即使是轻微的刺激也会使宝宝的皮肤发生充血。不过，这些红斑不会让宝宝感到不舒服，而且一两天内就会自行消退。

29 宝宝湿疹，家庭护理需要注意什么？

Q: 您好，小美老师，我家宝宝 6 个月了，一直有湿疹，时好时坏的，家庭护理需要注意哪些呢？

A: 您好，宝宝湿疹护理我们需要从以下几个方面入手：

①生活护理：避免过热、出汗。宝宝的衣被要选择棉质的，平日根据温度变化及时调整衣服，避免宝宝过热、出汗；宝宝的衣物和床单要勤换，定期给宝宝修剪指甲；每天只用清水给宝宝洗浴，避免频繁使用洗浴用品，水温不要过热，因为热水浴会加重湿疹或激发湿疹；洗浴后马上给宝宝擦点保湿霜。

②饮食护理：宝宝 6 个月需要添加辅食了，初次添加需要避开过敏食物，如山药、虾、鱼、蛋清等，每添加一种新食材吃 3 天，观察宝宝有无不适反应；尽可能母乳喂养，人工喂养选对配方奶粉；当宝宝因牛奶蛋白过敏引起湿疹时，可将普通配方奶粉换成深度水解蛋白奶粉或氨基酸奶粉。

③环境护理：温度、湿度适宜。居家室内温度建议冬天保持在 20 ~ 24℃，夏天保持在 24 ~ 26℃，一定要避免过热；湿度控制在 50% ~ 60% 为宜，防止干燥，因为干燥会加重湿疹；宝宝的房间要保持清洁，经常通风；家中不养宠物、不铺地毯、少养花草。

30 2个月宝宝唾液多是怎么回事？

Q： 小美老师，2个月宝宝唾液多是怎么回事？

A： 2个月宝宝的吞咽能力有限，大量分泌的唾液无法及时吞咽，所以，嘴角会有唾液流出，都是正常现象。随着月龄的增长，宝宝会流更多的口水，直到宝宝添加辅食后学会了吞咽，这种情况才会减少。护理时应当随时为他们擦去嘴边的口水，擦时不可用力，轻轻将口水拭干即可，然后涂上宝宝护肤霜。

31 宝宝口腔有白块是怎么回事？

Q： 小美老师，宝宝2个月了，今天看到口腔里有白块，是鹅口疮吗？

A： 妈妈先别急，宝宝吃奶后，有时候口腔内会残留奶液，如果没有及时清洁，会形成奶块，这与鹅口疮有一些相似。您可以用无菌的医用棉签蘸点温水轻轻沾拭，白色块状物消除，那就是奶块；如果沾拭困难，或擦拭后留有红色创口，则表示宝宝患了鹅口疮。

32 宝宝有口气是什么原因？

Q：小美老师，我家宝宝有口气，是上火还是别的什么原因引起的？

A：您好，宝宝有口气有可能是口腔没有清洁干净、有口腔疾病、消化不良，家长要细心观察才能辨明原因。做好日常护理，每天帮助宝宝清洁口腔，少吃多餐，适量喝水，增加运动量。

33 宝宝舌苔发黄是为什么？

Q：小美老师，我家宝宝舌苔发黄是消化不良的表现吗？

A：您好，正常宝宝的舌象应该是舌体柔软、活动自如、颜色淡红、舌面有干湿适中的薄苔。当宝宝舌苔发黄时，有可能是消化不良，建议饮食要清淡些，多食用易于消化的食品，必要时要向医生咨询。

34 宝宝长鹅口疮不肯吃奶怎么办？

Q：小美老师，宝宝长了鹅口疮后情绪不好，而且不肯吃奶，有什么好办法？

A：如果宝宝患有鹅口疮，宝宝的口腔黏膜和舌头会发红，甚至会因感觉疼痛而不敢吃奶。这时候妈妈可以把奶水挤出来，耐心地用小勺子少量多次地喂给宝宝。

35 宝宝手上有几个小泡泡是不是手足口病？

Q：小美老师，手足口病都有哪些表现呢？我今天发现儿子手上有好几个小泡泡。

A：宝宝患上手足口病会有类似感冒的症状，当天或第二天会出现皮疹。手足口的典型皮疹主要散发在手心、足心、口腔黏膜、肛周，少数患儿可发生在四肢及臀部，躯干部极少见。皮疹为粟粒样斑丘疹或水疱，周围有红晕。玫瑰色斑疹或斑丘疹发生于手指屈面及其掌面、脚趾和脚掌等部位，出现1天后，有部分皮疹形成米粒或豆粒大小（直径1～3毫米）的清晰水疱，通常并无痛感。像宝宝的情况，我们无法确诊，建议就医检查一下。

36 宝宝反复出现呼吸道感染怎么办?

Q: 小美老师，宝宝15个月了，最近反复出现呼吸道感染，有什么好方法可以避免吗?

A: 您好，我们需要为宝宝创造一个空气新鲜、干净整洁的生活环境。进行"三浴"（日光浴、空气浴、水浴）训练。加强运动锻炼，尽量少去或不去公共场所，注意饮食搭配，尽量保证饮食的多样性。同时，也建议去医院系统检查一下，找出最有效的治疗方法。

37 宝宝时不时打喷嚏、流鼻涕是感冒了吗?

Q: 小美老师，我家刚出生的宝宝总是时不时地打喷嚏、流鼻涕，是不是感冒了?

A: 我们发现刚出生的宝宝会出现无端打喷嚏、流鼻涕的现象，这不一定是宝宝感冒了。由于新生的宝宝鼻腔内血运丰富、鼻腔狭小、鼻毛还没长出来，外界很微小的刺激就会令宝宝打喷嚏，所以并不用过度担心。

38 宝宝咳嗽近1个月还不好怎么办?

Q: 小美老师,宝宝1岁半了,上个月以来一直咳嗽,开始晚上咳,后来白天也咳,中医西医都看过也吃了药,但是效果还是不好,不知道如何是好。

A: 其实我们最主要的是没弄清楚咳嗽的原因,引起长期咳嗽的原因最常见的是呼吸道感染和过敏反应,应该请权威专家最终确诊,不要乱用药品。要注意日常护理,不要让宝宝做剧烈运动,以免加重咳嗽,春天适当增减衣物。

39 宝宝咳嗽吃什么药好?

Q: 小美老师,最近宝宝有点咳嗽,给宝宝喂点什么止咳药好呢?

A: 咳嗽动作本身是帮助气道清理的有益过程,一味抑制咳嗽反而不利于有害物质排出,从而加重疾病。因此对于儿童来讲,要避免选择抑制咳嗽中枢的止咳类药物,以免掩盖病情。对于宝宝咳嗽一定要查找引起咳嗽的原因,在医生的指导下用药。

40 宝宝咳嗽可以喝止咳糖浆吗?

Q: 小美老师,宝宝咳嗽,想给她喝点止咳糖浆可以吗?

A: 您好,美国食品药品监督管理局(FDA)建议6岁以下宝宝慎用止咳糖浆。含有中枢止咳药物的止咳糖浆会抑制宝宝的咳嗽反射,造成呼吸道中的分泌物无法排出,积聚在咽部或器官中,继发感染,加重病情。建议听从医嘱,找到适合宝宝的治疗方法。

41 宝宝服药后呕吐需要再补药吗？

Q：小美老师，宝宝服药后将药吐了，需要再给她吃点吗？

A：您好，如果宝宝吃完药呕吐得很多，几乎连食物都呕吐出来，那么就需要补充这顿应该吃的全量的药物。如果只是吐了几口，就不需要再补充药物了。

42 宝宝有痰咳不出怎么办？

Q：小美老师，宝宝喉咙有痰，但是咳不出来怎么办？

A：宝宝喉咙有痰咳不出时，可给宝宝喝点冰糖炖雪梨以达到润肺的效果，或是在医生指导下，给宝宝喝川贝枇杷糖浆等化痰止咳的药物，也能够快速取得治疗性的效果。并且在治疗期间，必须要多喂宝宝喝水，避免饮食热气上火，尽可能吃一些清淡易消化的食物，从而改善体质，让咳嗽有痰的问题能够得到解决。

43 宝宝感冒了能不能打疫苗？

Q：小美老师，宝宝到了预约打疫苗的时间，但宝宝感冒了，还能打疫苗吗？

A：宝宝感冒了是不能打疫苗的，需要保证在健康的情况下，才能正常打疫苗，否则会有不良影响。因为个人体质不同，疫苗会引起一些不良反应，所以有些宝宝会出现如发热、皮疹等症状，但一般会自行消退。

44 宝宝大一些再接种疫苗会不会更加安全?

Q：小美老师，等宝宝大一些再接种疫苗会不会更加安全，副作用更小?

A：疫苗防治的都是严重的疾病，一定要按照建议时间接种，否则就是增加宝宝的患病概率。不打疫苗更是万万不可的，这样也会影响以后宝宝上学。

45 宝宝需不需要吃打虫药?

Q：宝宝 2 岁半，怀疑肚子有虫，可以吃打虫药吗?

A：您好，由于现在卫生条件比较好，宝宝并不需要盲目吃打虫药。建议如果你家宝宝存在反复的肚子疼痛，并且脸上有虫斑的话，可以给宝宝化验一下大便，看是否有虫卵，确定有虫的话可以遵医嘱给宝宝吃打虫药，如果没有就不用给宝宝吃了。

46 怎样给宝宝清理鼻痂?

Q：宝宝的鼻痂很多，总觉得都不通气了，可是给他清理的时候，又不知如何下手，宝宝也不配合，有什么好方法吗?

A：如果鼻痂过硬，清理时肯定会不舒服甚至会疼。您可以往宝宝两个鼻孔里各滴上一滴生理盐水或者橄榄油，待硬鼻痂软化后，用棉签轻轻擦下。或者给宝宝洗澡时让洗浴室更湿润一些，这样宝宝洗澡后鼻痂会软化，打个喷嚏就出来了，或者用棉签再帮忙处理一下。原则上，只要鼻痂不影响宝宝呼吸就无须处理，生活中，宝宝哭闹、打喷嚏都会使鼻痂自然排出。同时，生活中要保持屋里适宜的湿度（50% ~ 60%），以减少宝宝硬鼻痂的形成。

47 需不需要给宝宝做微量元素检测?

Q: 小美老师,担心宝宝营养不良,要不要给宝宝做微量元素检测?

A: 您好,很多家长希望给宝宝查微量元素。其实主要的营养素还是蛋白质、脂肪和糖类。在从指尖采血进行末梢血微量元素的检查中,由于采血过程中组织液或多或少混入血液,易造成血液稀释,导致结果偏低。建议生长发育健康的宝宝不要进行微量元素检测。

48 宝宝早晨有点低热要去医院吗?

Q: 小美老师,今天早上宝宝有点低热,要去医院吗?怎么照顾她呢?

A: 先别着急去医院,现在医院流感人群很多,别交叉感染。现在宝宝精神状态怎么样?您再测量一下现在体温是多少。

Q: 现在自己玩积木呢,刚刚测是 37.7℃。

A: 那要注意观察一下,同时做好护理。

第一,要保证室内空气新鲜和流通,开窗通风换气,相对湿度控制在 50% ~ 60%,温度控制在 20 ~ 25℃,为宝宝营造舒服的环境。

第二,补充水分,发热后宝宝水分流失快,需要多喝水。必要时补充液盐。

第三,不要穿过多的衣服和盖太厚的被子,勤擦汗,衣服潮湿要及时更换衣服。

第四,饮食要清淡少油腻,以流质或半流质食物为宜。

第五,退热药,中国最新用药指南的意见是体温 38.5℃ 就可以用,或者发热让宝宝明显不舒服也可以用。如果家里没有药就需要去医院买,千万不要随便给宝宝吃药,大人的退热药更不要给宝宝吃,如果宝宝在发热状态下还有其他症状,如呕吐、腹泻、精神萎靡等要及时就医。

Q: 小美老师,我家宝宝1岁了,昨天低热,今天高热,没有其他症状,会不会是宝宝急疹啊?

A: 宝宝急疹也叫玫瑰疹,由病毒引起,是幼儿时期一种常见的出疹性传染病。它的特点是热退疹出或疹出热退。皮疹多不规则,为小型玫瑰斑点,也有融合成一片,压之消退。现在宝宝并没有出现疹子,还无法判断,妈妈需要多观察,把宝宝昨天到现在的状态、饮食、测量体温的时间等做好详细记录,如若宝宝有发热加重、高热不退、精神状态低迷、不吃饭、惊厥、频繁呕吐、脱水等表现时,家长要及时带上记录表带宝宝到医院就诊,遵医嘱。

Q: 小美老师,我们带宝宝去医院了,医生说是宝宝急疹,这种情况我们回家应该怎么做?

A: 热退了吗?今天是生病第几天了?

Q: 还没退热,今天已经是第4天了。

A: 现在最重要的是要控制宝宝体温,防止引发高热惊厥。让宝宝多休息,室内要安静,空气要新鲜,天气好的时候每天早晚各通风20分钟;被子不能盖得太厚,要保持皮肤的清洁卫生,经常给宝宝擦去身上的汗渍,以免着凉;给宝宝多喝些水或稀释的果汁水,以利于出汗和排尿,促进毒物排出;给宝宝少量多次地吃些容易消化的食物。

50 宝宝 6 个月，一直流口水、低热是怎么回事？

Q: 小美老师，宝宝 6 个月了，一直流口水，今天有点低热，还总咬我乳头，是不是要出牙？

A: 宝宝流口水有可能是要出牙，如果还伴有低热就要注意观察做好记录。长牙时，小牙们努力向外顶，在牙龈上找自己的位置，这个过程会引起组织发炎，炎症会产生疼痛和低热（一般低于 38.3℃）。如果发热严重建议就医，要听从医嘱。

51 宝宝发热可以吃肉吗？

Q: 请问一下，宝宝喜欢吃肉，发热期可以吃吗？

A: 您好，宝宝发热期间可以吃肉，要吃瘦肉，不要吃肥肉。瘦肉中蛋白质的氨基酸组成与人体类似，是一种优质蛋白质，正是发热宝宝所需的；过于油腻的肉会影响胃口，易造成腹泻。

52 宝宝发热手脚却冰凉是怎么回事？

Q: 小美老师，我家宝宝发热手脚却冰凉，是怎么回事？该如何应对？

A: 其实这是一种假冷真热的现象。尽管宝宝的手脚冰凉，但是内脏却处于发热状态，这在 3 岁以下的宝宝中尤为常见。这种情况的发生，主要是因为宝宝感染了炎症，体温中枢会调高体温设定，因为宝宝的四肢血量少于内脏，手脚供血不足，和成人相比起来就更容易发凉。而且宝宝的神经系统发育还未完善，负责管理血管舒张、收缩的自主神经容易发生紊乱，导致宝宝高热初发时，手脚末端的小血管易处于痉挛收缩状态而发凉。不必过分担心，可以给宝宝搓搓手脚。

53 宝宝肠绞痛怎么缓解？

Q：宝宝发生肠绞痛时哪些方法可以帮助宝宝缓解疼痛？

A：方法有很多，妈妈可以尝试一下。

①喂奶：这是最容易让宝宝恢复平静的办法，吸
吮让他拥有安全感。

②轻揉腹部：在手上涂一层宝宝润肤霜或者
宝宝油，按顺时针方向轻轻揉宝宝的小肚子。

③襁褓的作用：用小被子将宝宝轻轻包裹起
来，让宝宝在襁褓里寻找最熟悉的记忆。

④飞机抱：将宝宝搭在您一侧的手臂上，让宝宝头面朝外，
靠近您的肘弯附近，两腿悬挂在您的手边，您的手臂紧贴着宝宝腹部，另
一只手抓住宝宝的小屁股，当宝宝慢慢放松了，就说明您抱对了。

⑤轻晃宝宝或使其趴着玩：将宝宝面朝下放在您的腿上，轻轻摇晃，也能
起到一定的镇静效果。有时将宝宝置于俯卧位会获得意想不到的效果。

⑥将宝宝竖抱，让宝宝的头伏于您肩上，轻拍背部，排出胃内过多的气体。

⑦可以放些轻松的音乐来分散宝宝的注意力，让宝宝的注意力从疼痛中转
移出来。

54 宝宝睡觉摇头、枕秃、长牙迟是什么原因？

Q：小美老师，我家宝宝睡觉总是摇头，枕秃特别明显，而且都 7 个月了还没
长牙，是不是缺钙啊？

A：这对宝妈来说应该是一个非常大的困扰。宝宝晚上睡不好网上说是缺钙，
枕秃网上也说缺钙，长牙慢还说缺钙，其实这是一个大大的误区，如果按
量给宝宝补充维生素 D（促进钙吸收），宝宝缺钙的可能性是非常低的。
睡觉摇头可能是宝宝热了，处于浅睡眠阶段；枕秃是摩擦造成的；长牙主
要取决于遗传，和缺钙没什么关系。如果妈妈还不放心，也可以带宝宝到
医院检查一下是否缺钙。

55 宝宝 8 个月还没长牙怎么办？

Q：小美老师，我家宝宝 8 个月还没长牙，怎么办啊？着急，不会是缺钙吧？

A：正常情况下，宝宝在 6 ~ 10 个月之间会长出第一颗乳牙，但是宝宝之间也存在个体差异，同时遗传因素也会影响宝宝的牙齿生长。宝宝 8 个月了还没开始长牙，妈妈也不必太过担心。所有的宝宝出生时，全套牙齿其实就已经藏在牙龈里面，慢慢都会长出来的。就像有些宝宝走路较晚、有些宝宝说话较晚一样，也有些宝宝长牙较晚，并不一定就是缺钙。另外宝宝的辅食不要太精细了，这样不利于刺激宝宝的牙床。可以给宝宝选择合适的磨牙食物，或者切一些胡萝卜条（选择胡萝卜心，切成手指头粗细的圆柱条），给宝宝"咬一咬"磨牙。

56 宝宝长马牙怎么办？

Q：小美老师，我家宝宝长马牙，怎么办啊？

A：所谓"马牙"，就是牙龈或牙龈周围组织上增生的结缔组织，不是真正的牙，更不是异常的牙，也不是其他有害的组织。千万不要擦掉、用针挑破，以免局部组织感染。马牙会自行脱落，既不影响吃奶，也不影响出牙。不要为此做任何事情。

57 宝宝出牙顺序与别的宝宝不一样怎么办？

Q：小美老师，我家宝宝出牙的顺序与别的宝宝不一样，现在出了 4 颗牙，正下方两颗，上方牙齿正中间没出来，反而从两侧长出来了，这样对宝宝的牙齿发育有影响吗？

A：妈妈别担心，牙齿萌出的过程是一个复杂的生物过程，与遗传有一定的关系。宝宝之间是存在个体差异的，我家宝宝当时也是这种情况，只要出牙时间在正常范围内就不用担心。

58 4 岁宝宝有龋齿怎么办？

Q：小美老师，我家宝宝才 4 岁就出现了龋齿，怎么办呢？

A：首先，一定要教育宝宝保持口腔清洁，要让他坚持饭后刷牙，以保持牙齿的清洁，防止食物残留和蛀虫的滋生。而且一定要让宝宝在睡觉前不再吃东西，如果吃了也要记得刷牙。其次，要求宝宝刷牙要使用含氟牙膏，因为这种牙膏具有杀菌作用。研究表明少量氟对身体没有危害，所以也不用担心会影响宝宝的健康。另外要使用正确的刷牙方式，上牙从上到下，下牙从下往上。平时一定要注意宝宝的饮食，尤其是宝宝特别喜欢吃糖、巧克力等甜食，但是这些东西粘到牙齿上很容易为细菌滋生提供场所。平时最好让宝宝多吃瓜果蔬菜等食物。

59 宝宝为什么会出现龋齿？

Q：小美老师，宝宝出现龋齿是什么原因造成的？

A：有些是宝宝天生的牙釉质发育不良，有些是宝宝后天不注意牙齿卫生，甜食、垃圾食品摄入过多，都会导致龋齿产生。如果发现，一定尽快去看医生，原则是早发现早治疗，这样宝宝少受罪。不伤及牙神经，是不需要打麻药的。其实宝宝是很容易出现龋齿现象的，所以家长一定要格外注意。如果发现宝宝有龋齿症状，一定要带宝宝及时到正规的口腔医院进行诊治。而且也应该让宝宝养成健康饮食和早晚刷牙的好习惯，平时也尽量少吃一些甜食。

60 刚出生的宝宝头发细黄易脱落是什么原因？

Q：小美老师，刚出生几天的宝宝头发细黄，并容易掉落是什么原因？

A：宝宝头发细黄多半是毛发一直浸泡在羊水中未接触空气造成的。宝宝出生后，头发接触到了空气，就会变得越来越有韧性，颜色也会慢慢变黑。头发脱落则是因为刚出生的宝宝处于休止期的头发多于生长期头发。等到宝宝休止期的头发掉光了，新长出来的头发就不会容易掉落了。

61 宝宝枕秃严重是什么原因？

Q: 小美老师，宝宝枕秃严重，不会是缺钙吧？

A: 您好，毛发的生长是呈周期性的，包括生长期、退行期、休止期。头发的脱落是生长期的毛发进入休止期而产生的。而所有的毛发生长周期不会是同时的，处在休止期的毛发本身不牢固，在此期间，如果宝宝再增加摩擦就加速了本就不牢固的毛发脱落。如果担心，可以带宝宝去检查一下，如有缺钙就遵医嘱，给予适当的补钙。不缺的话，枕秃就忽略不用管。

62 宝宝枕秃、头发少，剃头发有用吗？

Q: 小美老师，我家宝宝有枕秃，头发还少，剃头发可以改变吗？

A: 枕秃是宝宝经常出汗、磨蹭造成的，跟剃头发没有关系，至于头发稀少这是遗传问题。其实，曾经给宝宝剃过光头的父母已经发现，把宝宝的头发剃光后，没多久其他部位的头发就会长出来，而枕秃部位还是光光的。所以，摩擦频繁以及容易出汗这两个引起枕秃的问题不解决，枕秃是不可能改善的，只能静待宝宝长大，让枕秃自然消失。

63 1岁宝宝特别爱出汗正常吗？

Q: 小美老师，宝宝1岁了，特别爱出汗，正常吗？

A: 1岁后宝宝的活动量增加，身体的排泄也随之增加，出汗多是正常的，可以适当增加饮水量，如果宝宝出现不适需要就医。

64 碳酸钙 D₃ 和伊可新可以一起吃吗?

Q: 小美老师,吃了碳酸钙 D₃ 再吃伊可新是不是补重复了?

A: 如果宝宝不缺钙的话,每天吃一粒伊可新就可以了,不建议再吃补钙药剂。如果宝宝出现缺钙情况,建议听从医嘱。

65 宝宝可以擦防晒霜吗?

Q: 小美老师,请问给宝宝擦防晒霜会导致维生素 D 缺乏吗?

A: 儿童日常防晒和使用防晒霜不会引起维生素 D 缺乏,这是因为维生素 D 的合成并不要求暴晒在阳光下,反射光也是有效的。而且,每天只要保证在上午 10 点以前,下午 4 点以后有两个小时的户外活动时间,就可以完成每天所需维生素 D 的合成,因此,防晒一般不会影响维生素 D 的吸收。

66 宝宝睡着了还在使劲儿是不舒服了吗?

Q: 小美老师,有时候宝宝睡着了还在使劲儿是哪不舒服吗?

A: 有些宝宝在睡着的时候,身子一直绷得紧紧的,转来转去,睡得很不安稳。宝宝这种情况通常出现在快睡醒的时候,其实是他在伸懒腰,这是新生宝宝特有的一种运动方式。这种现象并非不正常,甚至能使宝宝多吸进一些氧气,有利于增强体内的新陈代谢。

67 为什么宝宝经常抓耳朵？

Q: 小美老师，宝宝经常抓耳朵是什么原因？能给宝宝掏耳朵吗？

A: 妈妈可以观察一下，看看宝宝的小耳朵里有没有耳垢，同时观察一下，耳朵有没有其他炎症。如果外耳有耳垢，可以用棉签轻轻处理；如果有炎症，需要及时看耳科。

Q: 小美老师，宝宝的耳朵很干净，但是为什么还会经常抓耳朵呢？

A: 这种情况也是很常见的，原因是宝宝的双内耳发育不平衡，这种感觉与飞机下降时，大人感觉耳朵中有异物类似，等宝宝大些会自行消失。

68 宝宝鼻子出血怎么办？

Q: 宝宝鼻子出血怎么办？

A: 出血量少时的处理：让宝宝先坐下，用拇指和食指压住宝宝两侧的鼻翼，压向鼻中隔部，一般5～10分钟，出血即可止住。父母用这种方法止血时，应耐心安慰宝宝不要哭闹，并张大嘴呼吸，头不要过分后仰，以免血液流入喉咙中引起不适。出血量较多时的处理：如果出血量较多，或用上面的方法不能止住出血，可用脱脂棉或干净的纸充填宝宝的鼻腔。但注意不要松松填压，因为这样达不到止血的目的。同时，在鼻梁或颈部两侧大血管处放上冷水浸湿的毛巾做冷敷，也可以止血或减少鼻出血。宝宝鼻出血时，家长首先要镇静，否则，会让宝宝更加紧张，从而加重鼻出血的症状。无论是什么原因引起的鼻出血，即便出血被止住了，也应该带宝宝去看医生，查明原因，防止再次出现鼻出血。

早教篇

1 早教课用不用上？

Q：小美老师，早教课到底用不用上？

A：您好，关于去早教班上课，其实家长一定不要期望早教课能教给宝宝什么技能，与其他宝宝在一起玩耍的快乐记忆对宝宝来说可能才是最重要的，另外让宝宝更早地感受集体生活也是有意义的。其实早教最大的意义就是提升宝宝的社交能力。

2 早教中心适合多大的宝宝？

Q：小美老师，请问宝宝从多大开始上早教比较科学？

A：您好，半岁到6岁都可以去早教中心。陪宝宝上早教中心，妈妈可以学到很多，回家后也可以模仿早教中心的方法陪宝宝玩，还可以让宝宝认识很多小朋友。如果妈妈通过自己的努力学习，知道如何跟宝宝进行早期教育，不去早教中心也是可以的，一样可以把宝宝培养好，但是要注意多去一些小朋友多的地方，弥补社会交往这方面。

3 什么是敏感期？

Q：请问小美老师，什么是敏感期？这个时期家长应该做些什么？

A：宝宝的大脑在成长发育中，存在着一个敏感期。在敏感期里，大脑会产生接收和学习知识、信息的强烈意愿，宝宝对其中的某些知识或行为非常敏感，这个时候学习起来也非常容易。如宝宝在某一时期对语言特别敏感，如果这时教他说话，他就学得非常快。这是因为人的大脑有着明显的可塑性，大脑中神经纤维链的发育结构可以有变化。在敏感期里，支持特殊活动的神经联系可以很容易有效地创造出来。在敏感期里，会有一种很强的力量促使宝宝对某种事物感兴趣，继而产生接收和学习的反应，同时影响宝宝的智力发育。有兴趣才能使宝宝记得住，记得牢，即促进记忆力。比如当宝宝手的敏感期来到时，宝宝会产生"抓"的意愿，比如用一只手抓，用两根手指捏，用三根手指抓等。有些成人手不灵巧，也与童年时手在敏感期内没有得到很好的锻炼有关。宝宝时期是人一生中身心发育最显著的时期。如果在这个时期不抓紧教育和指导，掉以轻心、放任自流，不利于宝宝的成长。因此，爸爸妈妈要抓住宝宝的敏感期，在敏感期里对其进行适当教育。

④ 什么是多元智能？

Q：小美老师，请问什么是多元智能？作为家长应该如何帮宝宝发展？

A：多元智能又叫八大智能，是由美国哈佛大学教授霍华德·加德纳提出来的，是指个体对客观事物进行合理分析、判断、有目的的行动和有效的处理周围事物的综合能力，是各种才能的总和。智力组成的多个方面就是多元智能，指每一个宝宝都具有运动、语言表达、自我认知、生活交往、逻辑等多方面的智能。每个人的智能组合各有不同，这些智能也并非通过读、写、算等训练就能培养成功。作为爸爸妈妈，最重要的是引导宝宝进入与这些智能相关的各个学习领域，扬长补短，从中发现、培育宝宝的强项，帮助宝宝实现自我发展的价值。

⑤ 让宝宝赢在起跑线上很重要吗？

Q：0～6岁的宝宝应该注重早期教育吗？这一时期哪些教育更重要？

A：从人类生理和心理发展的角度出发，0～6岁是大脑快速发展的时期，也是宝宝学习的黄金期。宝宝在早期学习到的经验将直接影响其今后动作、认知、语言、情绪、社会性等方面的全面发展。因此，重视早期教育不无道理，而且非常有必要。不过，问题的关键在于让宝宝学习什么。笃信"不要让宝宝输在起跑线上"的家长，常常是让宝宝提前学习识字、算术、英语、艺术特长等知识技能，而这些内容对宝宝的未来究竟有多大意义呢？其实，很多知识技能是宝宝在上小学后很容易学会的，提前学习无异于揠苗助长。宝宝虽然"赢"在了知识技能上，却"输"在了身体素质、学习兴趣、学习品质、生活习惯、亲子关系等更为关键的因素上。

⑥ 宝宝 15 天可以进行抬头训练吗？

Q：您好，宝宝 15 天，抬头训练可以进行吗？会不会太小了？

A：宝宝出生后就可以训练抬头了，新生儿竖着拍嗝的时候就可以让宝宝头不靠着大人肩膀，自己挺几秒钟。另外宝宝趴着就可以抬头，这是新生儿的正常反应，不用担心趴着会压迫宝宝的肺部和心脏。在宝宝清醒时，可以让宝宝趴着，用带响声的彩色玩具吸引宝宝抬头和左右转动，但不要强迫宝宝抬头，至于宝宝能抬多长时间要随宝宝的状态来，顺其自然。

⑦ 怎样给宝宝练习抬头？

Q：请问小美老师，有必要帮宝宝练习抬头吗？应该如何做才不会伤到宝宝？

A：新生儿肢体的支撑力很弱，所以，当爸爸妈妈抱着宝宝的时候，手必须托住宝宝的颈部和头部。

由于新生儿的颈部和背部肌肉十分无力，无法自己抬头，而宝宝只有抬起头，视野才能开阔，智力才可以得到更大发展。所以需要爸爸妈妈帮助宝宝抬头。妈妈在喂宝宝吃完奶后，竖抱宝宝，让宝宝头靠在妈妈肩膀上，为了避免宝宝吐奶，妈妈可以轻拍宝宝背部，让宝宝打嗝之后，抱稳宝宝，但不扶宝宝的头部，让宝宝的头部直立片刻，每天进行 4 ~ 5 次。这种训练在宝宝空腹时也可以做。

8 宝宝总是摇头怎么办？

Q：我家宝宝总是摇头，摇头是不是意味着宝宝有什么问题，会不会出现摇晃综合征，对大脑发育有没有影响？

A：宝宝摇头可能是前庭系统发育引起的行为，前庭是胎儿时期最早发育的感觉器官之一，也是维持身体平衡的器官。前庭能够灵敏地感受到身体位置的变动，调整身体以维持平衡。

多数宝宝会有一个前庭"自我刺激"阶段。在这个阶段，宝宝会做出上下跳、摇头晃动身体的动作，少数宝宝还会用头去撞击其他物体。而前庭自我刺激通常是在宝宝 6 ~ 8 个月的时候开始，这也是前庭敏感度达到高峰的时候。这种情况可在短时间内消失，也可持续较长时间，但大部分在 12 ~ 18 个月会逐渐消失，不会引起摇晃综合征，随着他们的生长发育会自行缓解。所以，爸爸妈妈们在看到宝宝只是单纯频繁摇头的时候，就不要焦虑了。只需对宝宝多进行前庭功能训练，训练游戏如：

小飞机：小月龄的宝宝可以做小飞机的游戏，让宝宝趴在家长手臂上，这样可以促进宝宝头和脊柱伸展，同时也能加强亲子感情。

被单摇：可以把宝宝放在被单里摇，宝宝整个身体蜷缩呈弯曲状态，就像在母亲的子宫内，很有安全感。

大龙球运动：让宝宝俯卧在大球上，大人扶着宝宝，将大球前后左右缓慢地摇动，也可以扶着宝宝坐在大球上颠动，宝宝对这种活动会非常喜欢，通过这种运动的感觉刺激来促进脑内平衡感的发展。

过山洞：主要针对会爬行的宝宝，可以给宝宝买这种山洞的玩具，引导宝宝爬行通过，或者家长可以用纸箱做一个"山洞"供宝宝玩耍。

9 3个月的宝宝怎样训练翻身?

Q:小美老师,3个月的宝宝要训练他翻身,有哪些方法?

A: 背部刺激法:

训练时,可以先让宝宝仰卧在硬板床上,衣服不要穿得太厚,以免影响宝宝的动作。再把宝宝的左腿放在右腿上,用妈妈的左手握宝宝的左手,让宝宝仰卧,用妈妈的右手指轻轻刺激宝宝的背部,使宝宝自己向右翻身,直至翻到侧卧位时为止。

玩具逗引法:

玩具逗引法在正式训练前与背部刺激法相同,不同的是这次不是刺激宝宝的背部,而是在宝宝的一侧放一个色彩鲜艳的玩具,逗引宝宝翻身去取。如果宝宝还不能自己翻身,爸爸妈妈也可以握住宝宝的另一侧手臂,轻轻地把宝宝的身体拉向玩具一侧给予帮助。每次数分钟,让宝宝逐渐学会自己翻身,以锻炼宝宝背部肌肉力量和柔韧性。

10 宝宝满月后还可以看黑白卡片吗?

Q:小美老师,为了练习宝宝的视力,我一直在给他看黑白卡片,现在宝宝已经满月了,看黑白卡片还有用吗?

A: 可以的哦! 0 ~ 3个月都可以给宝宝看黑白卡片,卡片与宝宝视线距离在20 ~ 30厘米就可以,宝宝满3个月的时候可以距离30 ~ 40厘米,3个月以后可以给宝宝看一些彩色卡片。

11 1个多月的宝宝不愿意追视怎么办?

Q:小美老师,1个多月的宝宝在做视觉练习时不喜欢追视,怎么办?

A: 1个多月的宝宝在做追视的时候,距离要在20厘米左右,要等他注视你了,你再动,动作要慢一点,快了他跟不上,如果宝宝追视得不好,你还要多多地练习。有的宝宝不追视母亲的脸,但是平时追视卡片,这个时候要停用卡片，让宝宝和大人脸对脸，大人多引逗宝宝，跟宝宝做鬼脸，因为注视人比注视卡片更重要，宝宝要和妈妈有情感交流，如果训练了一两个星期还没见好，还是不追视，就要看医生。

12 7个月宝宝需要培养观察力和判断力吗？

Q：小美老师，我的宝宝7个月了，需要培养宝宝的观察力和判断力吗？

A：观察力和判断力是日常生活和工作中必须具备的基本素质，在宝宝长到第7个月时，爸爸妈妈就可以利用游戏的方式，逐步培养宝宝的观察力和判断力了。

培养宝宝观察力和判断力的游戏有很多，比如当宝宝要玩玩具时，可以让宝宝自己找，如果宝宝喜欢玩具娃娃，就可以和宝宝玩藏猫猫游戏，先用一块手帕蒙在玩具娃娃上，要注意手帕不能太

大，要将玩具娃娃露出一部分，然后再让宝宝把玩具娃娃找出来。也可以把玩具娃娃和小汽车等几个玩具同时用手帕蒙起来，手帕的边缘分别露出小汽车的轮子和玩具娃娃的胳膊或腿，然后再让宝宝揭开手帕寻找到他所喜欢的玩具。或者爸爸妈妈说一个玩具的名称，让宝宝寻找，这样可以锻炼宝宝的观察力和判断力。当然，爸爸妈妈也完全可以把这些玩具藏在枕头下、被子里让宝宝找，逐渐增加游戏的难度。

13 8个月宝宝怎样锻炼手眼协调性？

Q：宝宝8个月了，应该怎样锻炼宝宝的手眼协调性呢？

A：随着手部动作的发展，宝宝的手眼协调能力也会进一步得到提高，当宝宝拿到东西的时候，会翻来覆去地看看、摸摸、摇摇，表现出积极的感知倾向。这个月龄宝宝的注意力只能集中在一只手上，因而往往出现用左手抓住一

个物体时，右手中原有的物体就会被丢开。所以，要训练宝宝同时用双手分别拿东西。

训练开始时，可以让宝宝用两只手同时拿一个体积稍大的物体，比如皮球、布娃娃等，然后再帮助宝宝练习两只手分别拿住体积比较小的不同的物体，比如积木、摇铃等，让宝宝左看看，右看看，再往一起碰一碰，最好能发出好听的响声。很快宝宝就会用双手拿不同的东西了。

同时，第 8 个月的宝宝能够自己扶着栏杆站起来了。可让宝宝扶站在有栏杆的小床边，并在宝宝脚边放一个玩具，引导宝宝一只手扶栏杆，弯下腰用另一只手捡起身边的玩具。经常进行拾物训练，可使宝宝的手部动作与弯腰、直立身体相协调。

温馨提示

　　要经常清洗宝宝的玩具，每周至少消毒一次，以免细菌进入引起宝宝肠道疾病。一些带漆或含有毒物质的玩具，不要给宝宝玩，尽量给宝宝挑选软、硬不同的玩具，使宝宝在抓握玩具时，得以体会不同的手感，这对宝宝探索新事物有帮助。

⑭ 1岁宝宝可以看电视吗？

Q: 小美老师，宝宝1岁了，能不能看电视？看多久比较好？

A: 2岁以内不建议看电视，2岁以上每周看两次，每次不超过 15 分钟，如果一定要 1 岁以上宝宝看电视，建议先定好规则，看电视之前给宝宝准备个闹钟，并提前两分钟提醒宝宝即将结束了。最好选择白天光线不太暗的时候看，电视环节结束后尽量带宝宝参与户外活动，缓解视网膜压力。

⑮ 如何给宝宝选择适合的动画片？

Q: 我家宝宝特别爱看动画片，但是我担心宝宝看了一些不好的动画片会出现一些危险、暴力的行为，那我应该怎么给她挑选好的动画片呢？

A：挑选动画片的时候要注意以下几点：

①选世界各国的经典动画片。某些热门的动画片造型不好看，画面和声音效果都过于血腥和刺激，这些都会给宝宝的感官神经带来影响，同时会误导宝宝审美，要谨慎挑选。

②要起到行为规范引导效果，选择的动画片应对宝宝具有一定的启发和教育意义。如教会宝宝遇到困难的时候如何寻找解决办法，遇到人际交往危机，应该如何化解，而非像现在很多动画片一样遇到问题通过暴力和肢体冲突的手段来解决，这时候宝宝还没有能力判断是非对错，而且宝宝正处于容易进行模仿的年龄段。好的动画片可以给宝宝起到正确示范的作用，并且传递一些如何保护自己的小技能。

③要适合宝宝的认知水平，宝宝们通过外部信息了解世界，他们需要一步步慢慢来。好的动画片能够帮助宝宝提高认知水平，比如对大自然的认识、图书馆的认识、幼儿园的认识，都可以帮助宝宝看到更大的世界。

④满足宝宝的情感需求，6岁之前宝宝们在社会情感方面的成长很重要。比如，知道人与人之间美好的情感，父母对宝宝的爱，同学和朋友之间的相处方式，互相帮助带来的愉悦感，团队活动中完成任务之后的成就感，以及遇到困难后获得帮助的幸福感。

这些情感需求可以跟着动画片的故事发展而理解，并且能够把这些和自己生活中的情绪一一对应。

相反，和这些美好情感相悖的内容就需要注意了，肯定不适合6岁之前的宝宝观看。

16 宝宝多大可以开始阅读？

Q：阅读是件非常重要的事，那么宝宝多大开始阅读比较好？

A：对于刚出生的宝宝，他们的眼里只有黑色和白色，家长可以给他们看黑白图案的图画书或图卡；对于3～4个月的宝宝，家长可以给他们看彩色图卡或图案简单、色彩鲜艳的图画书；对于5～6个月的宝宝，家长可以逐渐给他们读一些简单的图画书。尽管宝宝还不能完全理解书中的内容，但是图画加上家长温柔的声音会令宝宝非常享受。更为重要的是，这种早期阅读的经历有助于培养宝宝对图书的兴趣，并养成阅读的习惯。

另外，还有一些游戏性质的图画书非常适合2岁以下的宝宝，比如有声读物、触摸书。声响书是按一下可以发出响声的书，有的书上有不同的动物，按一下牛的图片，就会听到"哞哞"的声音；按一下狗的图片，就会听到"汪汪"的声音。触摸书是书上有不同的材质，通过触摸可以感受到某种物体的质感。比如，有的动物身体是毛茸茸的，有些动物身体是滑溜溜的，宝宝通过触摸可以有不同的触感。此外，2岁以下的宝宝非常喜欢撕书，家长可以选择一些撕不烂的书作为读物，布书和硬纸书无疑是很好的选择。

对于2岁以上的宝宝，家长需要为他们选择适合的绘本，并与其一起阅读。亲子阅读是一个让宝宝感受爱、享受爱的过程。阅读时，有家长的陪伴和温柔的话语，宝宝能感受到与家长的亲情，家长也能感受到宝宝与自己的亲密。这种亲密的气氛有助于形成良好的亲子关系。有的家长在宝宝年纪小的时候可能没有为宝宝阅读，因而会产生这样的担心：现在才给宝宝阅读会不会为时已晚？相关研究认为，人的阅读能力是在3～8岁之间形成的。如果宝宝还不满8岁，只要家长意识到阅读的重要性，并从现在开始给宝宝阅读，都不算晚。

此外，念童谣、读诗歌等也是非常好的阅读活动。童谣不仅朗朗上口，还充满了童趣，非常受宝宝的欢迎。诗歌不仅韵律性强，语言也非常优美，能够使宝宝获得文学的修养和艺术的熏陶。

17 2岁宝宝适合接触哪些书？

Q: 最近我给宝宝买了很多书，但是他都不太感兴趣，我家宝宝2岁了，能推荐一些适合她的书吗？

A: 3岁以下：《好饿的毛毛虫》《棕色的熊，棕色的熊，你在看什么》《大卫，不可以》《鳄鱼怕怕，牙医怕怕》《数一数，亲了几下》《我爸爸》《好大的红苹果》《可爱的鼠小弟》等。

3～6岁：《猜猜我有多爱你》《我爸爸》《我妈妈》《我永远爱你》《你

是我的奇迹》《忙！忙！忙！》等；在心灵成长方面，包括《小黑鱼》《自己的颜色》《青蛙弗洛格的成长故事》《小猪变形记》等；在社会交往方面，包括《月亮，生日快乐》《小魔怪去上学》《绿狼》等；在想象力和创造力方面，包括《驴小弟变石头》《风到哪里去了》《鸭子骑车记》等；在生命教育方面，包括《爷爷变成了幽灵》《一片叶子落下来》《楼上的外婆和楼下的外婆》等；在旅行方面，包括《花婆婆》及《请到我的家乡来》等。6 岁以上：《安徒生童话》《格林童话》。

18 怎么引导宝宝看绘本？

Q：小美老师，宝宝现在 3 岁了，只喜欢听故事却不喜欢看绘本，应该怎么引导呢？

A：您好，咱家宝宝已经完全具备坐下来看绘本的能力了。家庭先营造一个好的阅读环境，这个环境不仅要舒适，还要让宝宝待在这里很开心。要和宝宝一起开心地阅读，身教重于言教，还可以用故事悬念"吊胃口"，也就是讲一半吊着宝宝的胃口，听家长读了精彩的文章，却缺少结尾，这样也可以促使宝宝急切地寻找答案。另外，有的宝宝是通过听觉来学习的，宝宝只要听到故事的内容和韵律感就可以了，宝宝的天性就是好动的，尤其是 7 岁前的宝宝。

19 给宝宝读绘本有什么技巧吗？

Q：小美老师，宝宝喜欢听故事，请问给宝宝读绘本有什么技巧吗？

A：读绘本的时候，可以先跟宝宝介绍书的构成，比如：封皮、环衬、扉页、封底等。打开书后，可以告诉宝宝先看书的左边再看书的右边。讲绘本故事的时候，可以跟宝宝聊一聊书的色彩带给我们的感受，可以照着书上的文字给宝宝声情并茂地讲，也可以一边指着书上的文字一

边讲，宝宝顺便还能认识几个常见的汉字呢。或者家长和宝宝一起看着书上的图画来创编故事。只要家长能经常耐心陪伴宝宝一起欣赏绘本，对宝宝来说就是最大的幸福。

20 10 个月宝宝还吃手怎么办？

Q: 小美老师，宝宝 10 个月了还在吃手，需要干预吗？应该怎么做？

A: 您好，这个阶段是手、口发育的关键期，吃手是宝宝发育的正常表现，有的宝宝 1 岁后就不再吃手了，有的宝宝会持续到18 个月，我们不用刻意地阻止，当宝宝的关键期过去了，宝宝就不吃了。另外，生活中还可以多给宝宝动手的机会，如自己抓饭吃、玩瓶盖、撕纸、玩沙子等。

21 14 个月宝宝拿什么扔什么怎么办？

Q: 小美老师，宝宝 14 个月了，总喜欢抓东西扔，怎么办？

A: 您好，这个时期正是手臂发育的敏感期，就喜欢拿什么扔什么，可以给宝宝准备一些可以抛的物品，如球、玩偶等，游戏结束后让宝宝自己进行收纳。这个时期的宝宝已经能够遵守规则了，告诉宝宝哪些物品可以扔，哪些不可以扔，待这个敏感期过去了，宝宝就不扔了。

22 2 岁宝宝总是咬手指怎么办？

Q: 小美老师，我们宝宝 2 岁了，还总是咬手指，这种现象正常吗？应该如何干预？

A: 宝宝最初是用嘴唇来接触这个世界的，如果是 1 岁以内的宝宝咬手指，是很正常的。我们把宝宝的小手洗干净，让他咬就好了。除此之外，宝宝往往用咬手指表达他的紧张或者其他负面情绪，我们要分析原因，而不是一味制止这个行为。通常，当我们给了宝宝充分的理解和正面关注，宝宝这个行为就自然消退了。

23 宝宝多大可以使用玻璃杯?

Q：小美老师，宝宝多大使用玻璃杯合适呢?

A：2岁以后宝宝在家庭生活中就可以使用玻璃杯来喝水了，1岁半可以让宝宝尝试一下。不过为了宝宝的安全，不建议给宝宝用玻璃杯，最好用宝宝专用杯。父母给宝宝示范，如何正确取杯放杯，告诉宝宝如何保护好自己，一旦玻璃杯碎了不要用手去碰。初次参与时大人要在宝宝身边给予保护，如果宝宝用得不错，就放手让宝宝做，信任宝宝。经验对宝宝的成长很重要，不要因为过多保护而阻止宝宝参与生活、感受生活。

24 宝宝多大可以锻炼使用勺子?

Q：小美老师，宝宝吃饭时总想抓勺子，可自己又拿不稳，宝宝多大可以锻炼他自己使用勺子?

A：9个月的宝宝喜欢自己伸手去抓勺子，平时喂辅食时可以让宝宝自己拿一个勺子，让他随便在碗中搅动，有时宝宝能将食物盛入勺中并放入嘴里。要鼓励宝宝自己动手吃东西，自己用手把食物拿稳，为拿勺子自己吃饭做准备。宝宝从8个月起学拿勺子，到1周岁时可以自己拿勺子吃几勺饭，到15个月至18个月时就能完全独立吃饭了。

25 宝宝爬行有哪些好处?

Q：小美老师，请问宝宝爬行有哪些好处?

A：①爬行是宝宝在宝宝期体能发育的一个重要标志。宝宝爬行的标准动作，首先是头颈仰起，然后利用双手支撑的力量使胸部抬高，最后由四肢支撑着体重向前爬行。由于宝宝在7个月时全身的肌肉还处于逐步发育阶段，爬行的动作也不协调，所以大多是匍行，也就是利用腹部的力量进行身体

的蠕动，在四肢不规则滑动的作用下，宝宝往往不是向前进，而是向后退，或者在原地转动。但是，这个阶段过去之后，接下来的就是标准的爬行动作了。

②爬行是宝宝在宝宝期比较剧烈的全身运动，爬行时能量消耗较大，这大大提高了宝宝的新陈代谢水平，所以爬行可使宝宝食欲旺盛、食量增加。

宝宝会因此吃得多，睡得香，身体也长得快、结实。

③宝宝学会爬行以后，视野和接触范围也随之扩大，通过视觉、听觉和触觉等感官刺激大脑，可以促进宝宝的大脑发育，并使宝宝眼、手、脚的运动更加协调。因此，宝宝爬得越早、越多，对增进智力发展、提高智商越有积极意义。爬行还能增强宝宝小脑的平衡与反应联系，这种联系对宝宝日后学习言语和阅读也会有良好的影响。

26 怎么训练宝宝爬行？

Q：小美老师，请问怎么训练宝宝爬行？

A：方法①准备适合爬行的场地，比如在一个较大的床上或木质地板上铺上毯子、泡沫地板垫等。训练时，让宝宝俯趴，爸爸妈妈可以对宝宝进行引导。妈妈在宝宝前面摆弄有响声的玩具，以吸引宝宝的注意力，比如拿一个毛绒熊猫玩具，边晃动、边亲切地叫着宝宝的名字说："宝宝，小熊猫要和你做游戏，快来拿啊！"爸爸则在宝宝身后用手推着宝宝的双脚掌，宝宝想要拿到玩具，就会借助爸爸的力量向前移动身体。经过几次这样的训练之后，即使爸爸逐渐减少对宝宝的帮助，宝宝也会自己向前爬了。

方法②在宝宝俯趴的时候，爸爸妈妈在宝宝面前不远的地方摆放一个会动或者会响的玩具，等宝宝伸手去够时，就把玩具再向远处挪一点。做这种训练时要注意的是，玩具与宝宝手的距离不能太远，要保持看上去伸手可得但又够不着的程度，只有这样才能起到刺激作用，勾起宝宝想要得到玩具的欲望，调动宝宝向前爬行的兴趣。

在爬行场地的选择上，爸爸妈妈要注意选择平整而软硬适中的场地。如果场地太软，宝宝爬起来就比较费力；如果场地太硬，宝宝不仅爬起来不舒服，而且还可能使宝宝娇嫩的手和膝盖受到损伤。同时，爬行场地要保证干净卫生，以免引发疾病。

27　8个月宝宝在地上爬总拉抽屉怎么办？

Q：小美老师，宝宝8个月了，满地爬，总拉抽屉，特别担心会夹到手，我用胶布粘上了抽屉，这也不是办法啊，怎么办？

A：恭喜您，宝宝发育得特别好，探索能力和手、眼的协调能力特别好。给您推荐抽屉锁，在一些网店里都可以买得到。但是把抽屉锁上了，却压制了宝宝的探索能力，所以也建议您用大纸箱为宝宝做一个抽屉，或给宝宝两个大纸箱和其他玩具，或者和宝宝玩藏东西的游戏，让宝宝可以尽情地享受探索和游戏的快乐。

28　宝宝爬得晚怎么办？

Q：小美老师，我家宝宝9个月了还不会爬，怎么办？

A：一般来说，宝宝在8个月时就会爬，但也有的宝宝到了9个月仍然不会爬。如果宝宝9个月了还不会爬，爸爸妈妈先不要着急，应观察一阵再说。通常一个很会爬的宝宝可能学走就慢；反之，一个不曾爬过的宝宝会较早学会走路。另外，有些宝宝不是不会爬，而是没有机会学爬。因为有些爸爸妈妈总把宝宝放在宝宝床里、手推车上、游戏围栏或是学步车中，宝宝没法展示自己的"才能"。因此，不要把宝宝圈起来，要尽量让宝宝在地上活动，可以在宝宝前方不远处放置宝宝最喜爱的玩具，吸引宝宝向前爬。还要为宝宝准备护膝，以免太冷太硬的地板或是粗糙的地毯降低宝宝对爬行的兴趣。

29 如何为宝宝选择地垫？

Q：小美老师，我家宝宝喜欢在地上活动，想买个地垫，需要注意哪些方面？

A：您好，地垫是家庭必备的用品，宝宝可以在地垫上做爬、跳、翻滚等动作，也可以在地垫上玩积木、捡豆子、撕纸等游戏。所以，选择一个合适的地垫是非常重要的。建议为宝宝准备厚度在 2 厘米以上、颜色柔和、硬质、无异味、纯色系的或拼色的地垫。这样既可以保证宝宝的安全与健康，也可以让宝宝在游戏时更专注。

温馨提示

不建议买各种卡通图案的地垫，虽然图案可爱，宝宝喜欢，但当宝宝游戏时，这些地垫很容易干扰宝宝的专注力，而且鲜艳杂乱的图案容易让宝宝情绪躁动。如果您已经买了卡通图案的地垫也没关系，我们可以准备一块纯色系的布，当宝宝玩游戏时铺在上面就可以。

30 6 个月的宝宝能开始练习坐吗？

Q：小美老师，6 个月的宝宝练习坐是不是早了点？坐多久比较科学？

A：这个月龄，多数宝宝都可以坐了。只要拉住宝宝的手，宝宝就会想坐起来，而且能在爸爸妈妈双臂的支撑下，或者靠着沙发，短暂地坐上大约半分钟。还有的宝宝不需要爸爸妈妈的扶持就可以独坐。

31 宝宝从什么时候开始走路正常？

Q：小美老师，宝宝什么时候可以开始走路，是否需要进行训练？

A：一般宝宝在 1 岁左右可以开始学习走路，但是每个宝宝的发育都不一样，最科学的判断标准是，当宝宝可以自行站立时（可以手扶东西，脚跟一定是着地的状态），才能开始走路，家长万万不要和其他宝宝对比，强行训练宝宝走路，过早的训练会对宝宝的身体造成伤害。

32 宝宝能不能用学步车？

Q：小美老师，所有的学步车都会阻碍宝宝发育吗？应该选择什么样的学步车给宝宝用？

A：您好，那种兜裆类的学步车是坚决不能用的，手扶式的学步车，对宝宝的生理机能没有副作用，但是一定要在紧密看护的情况下才可以使用，因为宝宝可能会推车到楼梯附近，这是非常危险的，总的建议是不使用学步车。

33 宝宝摔倒了到底要不要扶？

Q：小美老师，宝宝摔倒了到底要不要扶？什么情况下应该扶呢？

A：您好，现在就这个问题网上相关的讨论非常多，说美国妈妈不扶，德国妈妈不扶，英国妈妈还是不扶，就中国妈妈扶，还上纲上线说扶起来之后宝宝解决问题的能力会减弱，养成依赖性，网上这种看似有道理实则无意义的文章太多了，如果宝宝摔得很重妈妈要毫不犹豫地上前扶起，如果只是跌倒无大碍可以鼓励宝宝自己站起来。

34 宝宝的右脑开发宜早不宜迟吗？

Q：小美老师，宝宝的右脑开发什么时期是最佳的？

A：科学研究显示，在6岁以前，人类的右脑处于优势地位，3岁时大脑发育达到了顶峰。3～6岁期间，儿童脑部活跃程度是成人的2倍，是思维最敏捷活跃的时期，是智力开发的最佳时期，也是右脑开发的最佳年龄段。

35 如何训练宝宝的平衡感?

Q: 宝宝今年2岁了,我们发现他的平衡能力比较差,做游戏的时候身体总是摇摇晃晃的重心不稳,怎么培养他的平衡能力呢?

A: 平衡感的好坏并不是与生俱来的,平衡能力差是感统失调的一种,很多家长后知后觉,认为没有什么关系,长大后就好了,这种想法是不正确的。宝宝的平衡能力不是一蹴而就的,提高小朋友的平衡能力,我们可以这样做,如双脚前后一字站立、原地单脚站立、单脚复杂动作的练习、核心练习、练习爬行等,进而提升他的前庭觉能力,控制身体平衡。我们训练平衡坚持这样的一个原则,循序渐进很有必要,在确保安全的环境下进行,还不会走就要跑这本来就是违背事情发展规律的。

36 6个月的宝宝可以坐餐椅吗?

Q: 小美老师,想问一下6个月的宝宝可以坐在餐椅上吃辅食吗?

A: 您好,原则上当宝宝可以坐稳,头部可以完全支撑,就可以坐餐椅了。不过前期需要循序渐进,不要时间过长。

37 6个月宝宝的语言能力如何?

Q: 宝宝6个月是不是已有语言表达能力?

A: 这个月龄的宝宝虽然不会说话,但已进入咿呀学语阶段,对语音的感知更加清晰,发音变得主动,会不自觉地发出一些不太清晰的语音。只要不是在睡觉，宝宝嘴里就一刻不停地"说着"，尽管爸爸妈妈听不懂宝宝在说什么，但还是能够感觉出宝宝所表达的意思。

如宝宝会一边摆弄着手里的玩具，一边嘴里发出"妈"等声音，好像在自言自语，爸爸妈妈也可以拿着小布熊逗宝宝玩，宝宝会拍着小手，嘴里还"哦、哦"地叫着，对小布熊表现出极大的兴趣；妈妈拍着手叫宝宝的名字，宝宝也会张开自己的小手，嘴里"啊""呢"地叫着，似乎在回应着妈妈。当爸爸问宝宝："妈妈在哪里？"宝宝就会朝妈妈看，脸上露出欣喜的表情。有时宝宝还把自己的小嘴嘟起，嘴里吐出泡泡来。这一切都说明，宝宝的语言能力有了很大的提高。

38 8 个月的宝宝怎样进行发音训练？

Q：小美老师，宝宝 8 个月了，想训练他的发音，怎么做才科学呢？

A：只要宝宝开始出现咿呀学语，就标志着宝宝开始学习说话了，这时就应对宝宝进行发音训练。

比如在给宝宝看画册讲故事时，爸爸妈妈可以一边讲故事，一边让宝宝指出画册上的图像，巧妙地将听力培养渗透其中，达到耳听、眼看、手动的目的，同步接受"同一意义"的听觉信息。

通常宝宝喜欢模仿动物或汽车等发出的声音，爸爸妈妈可以先教宝宝模仿这些声音，如小狗的"汪汪"声、小猫的"喵喵"声和汽车喇叭的"嘀嘀"声等。如果宝宝发音准确，爸爸妈妈就要及时表扬或者亲吻宝宝。

39 宝宝经常哭，需不需要抱？

Q：宝宝经常哭，要不要抱？不抱心疼，抱又怕养成习惯，怎么办呢？

A：您好，宝宝多大了？

Q：快 5 个月了，超级黏人。

A：对于宝宝来讲，我们就是他的全世界，而哭是宝宝跟这个世界唯一的交流

方式。5 个月的宝宝还不会讲话，所以，当他饿了、冷了、想妈妈陪他玩了，都会用哭声传递，如果妈妈这个时候对宝宝不理睬，宝宝会因为得不到安抚而没有安全感。所以，当宝宝哭闹了，妈妈要第一时间抱一抱，给予他温柔的凝视，让他闻闻熟悉的味道，听着熟悉的声音，让宝宝知道他是被关注的。

40 宝宝最近总是假哭怎么办？

Q: 宝宝最近总是假哭，有时候还会照着镜子假哭，讲了几次让她改，效果甚微，该怎么办呢？

A: 宝宝到了 1 岁，开始有自我意识，时时处处"以自我为中心"地思考问题。可是又离不开对父母的依赖和依恋。因此为了显示他的存在，希望引起家长的关注，他就采取了"哭"的办法。根据以往的生活经验，"哭"是一个很好的法宝。通过"哭"家长开始关注他。这么大的宝宝思维就是这么简单、具体、形象。因此常常做出不正确的判断，不正确的结论。另外，宝宝对着镜子哭，而且是假哭，既是一种对"哭"的好奇行为，也是对镜子中"我"的表情的探索和思维。有的宝宝也可能认为这是在做游戏，在和你玩呢！如果宝宝以"哭"作为要挟大人的手段，家长对于宝宝这种无理取闹的行为不要理睬，淡化他这个行为。如果你过分关注宝宝的这个行为，实际上就是强化了他的这个行为。

41 宝宝突然开始说脏话怎么办？

Q: 宝宝突然开始说脏话，家长应该如何干预才是正确的？

A: 宝宝说脏话与大人完全不同，他们并不了解脏话本身的意义。当出现这种情况时，妈妈不必做太多的反应，只需要告诉他这句话不好，轻描淡写地处理即可，激烈的反应，反而会加深记忆。

42 3 岁宝宝总喜欢自言自语正常吗?

Q: 小美老师，我家宝宝 3 岁了，总喜欢自言自语，这正常吗?

A: 宝宝总爱自言自语，有以下原因:

第一，自言自语是宝宝内部语言发展的初级表现形式，是外部语言向内部语言转化的标志。也就是说，自言自语是宝宝语言发展过程中的正常现象。宝宝的自言自语分为游戏性语言和问题性语言。其中游戏性语言的特点是比较完整，体现了宝宝的想象力和情感投入，可以丰富游戏形式，比如，宝宝在搭积木时，说"这个放哪儿呢? 放这儿……不对，放那儿……也不对。"自言自语在认知发展中起着关键作用，它使宝宝能够更有组织、更为有效地解决问题。

第二，宝宝之所以自言自语，是因为具有泛灵论的认知特点。泛灵论指宝宝会把身边的所有事物都视为有生命、有思想、有情感的。比如宝宝在玩白雪公主玩偶的时候，白雪公主玩偶就是故事或视频中的那位白雪公主，是会说话，有情感，可以思考的人，所以他会与白雪公主玩耍和对话。但是在家长眼中，宝宝是在自言自语。

43 宝宝开始学会撒谎了怎么办?

Q: 小美老师，最近我发现我家宝宝开始学会撒谎了，这种行为是不是该严厉纠正? 如何改正宝宝说谎的行为?

A: 宝宝说谎可以分为无意说谎和有意说谎，需要家长仔细甄别。

无意说谎，是宝宝认知发展中一种正常的行为表现，常发生于 3 岁左右的宝宝。这是一种"假说谎"，不存在欺骗的意图。无意说谎时，宝宝神情自然，并不能意识到自己是在说谎。这种说谎在宝宝心理发展成熟后可以得到改善，家长不必过于担心。无意说谎可能是由于记忆不准、语言表达不当、想象夸张丰富、思维水平有限等造成了宝宝对现实认识不准确、不全面。

有意说谎，是有欺骗意图的一种行为，常发生于4岁及以上的宝宝。这是一种"真说谎"，会伴随紧张、焦虑等情绪，是宝宝有意而为之。如果不加以制止，会养成撒谎的坏习惯，家长需要特别注意。宝宝多会为了逃避惩罚、取悦他人、受成人影响等而有意说谎。比如，做了错事害怕家长的责骂，宝宝选择说谎；为了得到家长的夸奖，谎称老师表扬了自己；看见成人说谎，自己也学着说谎。

无论是无意说谎还是有意说谎，家长都应予以重视，正确引导宝宝，以减少或消除宝宝的说谎行为。具体可以从以下方面着手：

第一，区分谎言性质。

第二，营造宽松环境。

第三，随机进行教育。

家长要及时纠正谎言。"宝宝说谎无所谓""说谎是聪明的行为"，这些想法是错误的。当发现宝宝说谎时，家长应在第一时间进行引导，及时纠正。

最后，还要以身作则。家长应从自身做起，用诚实的品质为宝宝做示范。比如，忘记了与宝宝的约定，应该坦白而不是找借口，可以说"妈妈诚实地告诉你，妈妈忘记了"。

宝宝的说谎行为需要家长正确地认识与妥善处理。在家长的正确引导和教育下，宝宝将会弃"假"从"真"，成为一个诚实的好宝宝。

44 宝宝不笑是怎么回事？

Q：宝宝2个月还不会笑，逗他没有反应，正常吗？

A：2月龄宝宝会出现社交性微笑。大约从出生后第5周开始，宝宝就对人的声音、面孔开始有特别的反应，大人的声音、面孔特别容易引起宝宝的微笑，这就是社交性微笑的出现。如果父母仔细观察可以发现，此阶段的宝宝，当听到父母的声音，或看见父母对着他点头，就会表现出特别高兴的样子，微笑时十分活跃，眼睛明亮。

一般在第 8 周时，如果爸爸妈妈在宝宝面前停留一段时间，宝宝就会对着爸爸妈妈的脸展露持久的微笑。但是有些宝宝的微笑可能会迟一些出现，或者宝宝的微笑可能就是在睡眠中动动嘴角，所以不要着急，平时注意多和宝宝面对面地进行交流，同时将各种表情表现给宝宝看，我相信你的宝宝很快就会微笑了。

45 3 岁宝宝性格内向不爱说话怎么办？

Q：小美老师，我女儿快 3 岁了，性格内向不爱说话怎么办？

A：其实性格内向和外向没有好坏之分，我们要接纳宝宝的性格特点，这样宝宝的心里也会很坦荡，没有负担。我们可以给宝宝提供更好的方法，让宝宝可以适应环境和生存。生活中要鼓励宝宝与人交往，给他创造开口说话的机会。不要替宝宝包办属于他自己的事情，尤其是言谈。多带宝宝到户外去跟同龄宝宝一起玩，从身边的小事做起，抓住有利时机鼓励宝宝积极地表现自己，不要强迫宝宝表达或表演节目，我们要多给宝宝点耐心。

46 讲故事能促进宝宝的智力发育吗？

Q：小美老师，请问讲故事能促进宝宝的智力发育吗？还有哪些好处？

A：给宝宝讲故事是促进宝宝语言发展与智力开发的好办法。虽然宝宝可能听不懂故事的含义，但只要爸爸妈妈一有时间就声情并茂地讲给宝宝听，就能培养宝宝爱听故事的好习惯。如果再多给宝宝买一些构图简单、色彩鲜艳的宝宝画报，一边用清晰、缓慢、准确、悠扬的语调给他讲故事，一边指点画册上的图像，还能培养起宝宝对图书的兴趣。当然，也有一些宝宝，无论爸爸妈妈怎么讲，宝宝都提不起兴趣，甚至也不爱看那些画册，这时，爸爸妈妈也不要生气着急，过一段时间后再试试，可能宝宝就会喜欢听故事了，但要注意选择情节简单、有趣的故事。

如果妈妈把宝宝搂在怀里，在讲故事时根据情节适时地亲吻、鼓励、表扬宝宝，他会非常热衷于读书。

47 请问怎样教 5 个月的宝宝认识自己?

Q: 小美老师，宝宝 5 个月了，是不是可以培养他的认知能力了? 应该怎样教他认识自己呢?

A: 培养和训练宝宝的认知能力，不仅要让宝宝认识身边的事物，还要让他认识自己。照片和镜子都是很好的道具。

爸爸妈妈可以拿着宝宝的照片教宝宝认识他的整体形象，也可以教宝宝分别认识他的手、脚或其他部位。

此外，爸爸妈妈还可以用照镜子的方法。把宝宝抱在穿衣镜前，用手指着宝宝的脸，并反复地叫宝宝的名字，或者指着宝宝的五官等部位让宝宝认识，宝宝通过镜子看到所指的部位，听到爸爸妈妈的声音，慢慢就会懂得头发、手、脚、眼睛、耳朵、鼻子和嘴等词汇的含义，再过几个月，就可以进一步和宝宝玩"你说什么，宝宝指什么"的游戏了。如妈妈说"嘴"字时，宝宝就会很快用手指向自己的嘴巴。这样做不仅帮宝宝认识自己，对认知能力的培养有帮助，还对宝宝的视觉体验很有好处，另外还会使宝宝产生对他人、对周围环境的信任感和安全感。

48 给宝宝照镜子好不好?

Q: 我家宝宝 14 个月了，最近对镜子特别好奇，看到镜子就不撒手，想知道宝宝为什么会这样，照镜子对宝宝会不会有影响。

A: 大多数小宝宝们都是天生爱照镜子的，喜欢朝着镜子里的自己笑，或者看着镜子里的自己，眼睛会眨来眨去充满好奇，甚至会伸出手来摸一摸。宝宝照镜子时的行为表现，其实和宝宝自我意识的发展紧密相关。

宝宝自我意识的发展有一个渐进的过程，人的自我意识并不是在出生时就有的，最原始的自我意识就是知道自己的身体与其他物体的区别。很小的宝宝没有自我意识，到 1 岁时，宝宝才能意识到别的宝宝是与自己不同的个体。因此我们可以给宝宝照镜子，通过照镜子的方式可以让宝宝的视觉、触觉得到更好的发展。同时照镜子有助于培养宝宝的社会性，促进自我意识的形成。另外照镜子可以提高宝宝的自我认知能力，有助于宝宝了解身体各个部位的名称，促进其语言能力的发展。但使用镜子过程中也要注意，镜子是易碎的玻璃制品，在给宝宝玩时，一定要有父母在旁边看护，以防划伤宝宝，或者直接使用不会破的安全镜子。

49 2个月宝宝需要有固定的生活习惯吗？

Q：小美老师，2个月的宝宝需要培养他有规律地生活吗？应该如何培养？

A：宝宝的生活有了规律，才能食欲旺盛、按时吃奶，满足身体发育的营养需要，才能按时睡眠，睡着时睡得安稳、香甜，醒来后情绪饱满，玩得愉快。有规律的生活习惯不仅有利于宝宝的身体发育，而且还有利于宝宝的心理发育。

有规律的生活习惯，主要是利用宝宝最初的条件反射，加之反复的训练强化而形成的。如到了喂奶时间，宝宝的胃就会蠕动，并分泌消化液，经过如此多次反复，就会建立起神经系统和消化系统的暂时联系。另外，睡眠、大小便等其他活动也是如此，这种条件反射不是一天两天形成的，需要爸爸妈妈的合理安排和培养。

50 怎样培养宝宝有规律的睡眠？

Q：小美老师，怎样培养 2 个月的宝宝有规律的睡眠习惯？

A：随着宝宝的一天天长大和睡眠时间的逐渐减少，帮宝宝养成有规律的睡眠习惯就显得十分重要。所谓有规律的睡眠习惯，就是按时睡、按时醒，睡时安稳，醒来情绪饱满，并可以愉快地进食和玩耍。这种有规律的睡眠习惯，不但有利于宝宝的身体发育，而且有利于宝宝神经系统和心理的发育。

所谓规律也不是千篇一律的，每个宝宝都有不同的睡眠习惯，爸爸妈妈应该在护理中找出适合自己宝宝的规律。在验证这个规律确实对宝宝的健康发育有利之后，就要按照这个规律坚持实行，不能任由宝宝的小性子说变就变。宝宝经过一段时间的适应，良好的睡眠习惯就形成了。

51 怎么训练 7 个月宝宝的自理能力？

Q：小美老师，7 个月的宝宝需要进行自理训练吗？怎样训练？

A：这个月龄的宝宝已经基本能够表达自己的意愿，如想吃饭就指奶瓶或饭碗，想戴帽子就指帽子。这时爸爸妈妈就应以身作则，把宝宝的日用品或玩具放在固定的地方，并可以因势利导，逐渐使宝宝养成不乱放东西的习惯。在做游戏时，妈妈可以为宝宝准备一个装玩具的箱子，玩游戏时让宝宝一件件把玩具从箱子里拿出来，结束之后再把玩具递给宝宝，让宝宝试着把玩具一件一件地放回箱子里。

52 怎样培养宝宝的穿衣意识？

Q：小美老师，想要培养宝宝的穿衣意识，应该怎样做？

A：在给宝宝穿鞋袜之前，可以先把小鞋子、小袜子放到宝宝手里，让宝宝玩一会儿，看宝宝能不能找对穿鞋袜的地方。如果宝宝知道鞋是脚上穿的东西，就会笨拙地往脚上套。如果不知道也不要紧，爸爸妈妈在正式给宝宝穿时，要一边穿一边告诉宝宝，经过几次训练宝宝就知道了。即使宝宝还不会自己穿上，但只要妈妈或爸爸在给他穿鞋袜时，宝宝就会在指导下把小鞋子或小袜子拿过来，时间一久，宝宝就学会自己穿鞋袜了。

53 怎么给宝宝定规则？为什么定的规则很难执行？

Q：小美老师，为什么给宝宝定的规则他总是不遵守？应该怎样定规则才能达到预期效果呢？

A：规则的建立不是一天两天的事情，需要我们多点耐心。规则是全家共同建立的，需要全家一起参与，而不是大人对小孩的命令。同时，规则也不是只给宝宝一个人的，而是我们全家人都要遵守，做好宝宝的榜样。另外，规则要简单明了，3岁以下宝宝能够集中注意力的时间很短，不用啰唆地告诉他为什么，直接简单明了地说"不可以、不行""站住，危险！"等就行了。当宝宝犯错时及时纠正，如果他在商场里做了错事，而您回到家再训诫他的话为时已晚，他早就忘记自己到底做了什么了。所以，他在外面无理取闹，您应该马上把他拉到一边，告诉他这样做是不对的。但是别在很多人面前指责他，避免伤害宝宝的自尊心。当宝宝表现好的时候给予夸奖和鼓励也是不错的办法，但是，我们要谨防"事后奖励"成为谈条件或者一种妥协，如跟他说："如果你不哭了，妈妈就给你买小汽车。"这样做，宝宝很快就掌握了一种叫作"要挟"的技巧。所以不要跟宝宝讨价还价。当你定出规矩后，要坚持原则，不要因为大哭大闹而妥协。我们可以在做某些事情前，跟宝宝明确自己的期望，比如告诉他玩滑梯不能头朝下滑，更不能踩着滑梯往上爬。在没有发生任何事情的时候，就跟宝宝约法三章，比发生情况再惩罚效果要好。

54 如何培养宝宝自律？

Q: 小美老师，想要宝宝养成自律的好习惯，应该做些什么？

A: 第一，家长以身作则，同时引导宝宝遵守行为规范。家长是宝宝的第一任老师，要想给宝宝树立规则意识，培养宝宝的自律能力，家长首先要做到遵守规则，为宝宝树立榜样。比如，答应的事一定要做到。同时，帮助宝宝了解基本行为规则或其他游戏规则，体会规则的重要性，学习自觉遵守规则。比如，经常和宝宝玩带有规则的游戏，遵守共同约定的游戏规则；利用实际生活情境和图书故事，向宝宝介绍一些必要的社会行为规则，以及为什么要遵守这些规则。

第二，无须总是第一时间满足宝宝的愿望，可以适当延迟满足其愿望的时间。家长有意识地延迟满足宝宝的愿望，也是对宝宝自我控制能力的一种锻炼。比如，宝宝在商场看到了一个喜欢的玩具，家长不应立即答应宝宝的要求买下来，可以告诉宝宝，如果他每天都按时睡觉，等下个月过生日时这个玩具就会成为他的生日礼物。在这个过程中，不仅能够让宝宝懂得有付出才能有收获，也锻炼了宝宝的自我控制能力。

第三，有意识地培养宝宝与同伴间的合作。宝宝进行同伴交往，一方面，可以促进宝宝发现自我，培养自我意识；另一方面，在与同伴交往的过程中，宝宝之间不可避免地会出现矛盾和冲突，让宝宝通过与同伴的交流与协商，了解他人的观点与想法，克制自己的欲望与冲动，也是对其自我控制能力和社会适应能力的一种锻炼。

55 2 岁宝宝不爱刷牙怎么引导？

Q：小美老师，宝宝 2 岁了，每次刷牙不是闹着不刷，就是只刷几下，要怎么引导才能让他爱上刷牙呢？

A：刷牙需要循序渐进，不用一步到位，在愉快的气氛中刷牙非常重要。给宝宝选合适的牙刷，带宝宝做刷牙的游戏，唱刷牙的歌；另外家长需要统一思想，不能妈妈说需要刷牙，爸爸说不用刷，这样宝宝不知道听谁的，而且有的"聪明宝宝"会趁机钻空子。还可以给宝宝看一些龋齿宝宝的照片，让宝宝懂得不好好刷牙的后果。视觉冲击往往容易让宝宝接受，因为他们会直观地明白不好好刷牙的恶果，产生危机感。可以做刷牙游戏，相互刷牙，让宝宝在游戏中养成习惯，在游戏中爱上刷牙。带宝宝经常到牙科医院，让宝宝熟悉牙齿检查的过程，让医生护士给宝宝讲道理，亲自教宝宝刷牙，宝宝喜欢听老师和医生的话哟。总之，养成习惯是最关键的事情，一旦习惯养成了，家长就会轻松许多。放弃是一种选择，但坚持到底会让宝宝受益终身。我们可以用讲故事、讲童话的方法引导宝宝张大嘴，比如，妈妈说："看看，虫子出来了，快张大嘴，否则虫子

进入肚子里就完蛋了！"结果宝宝非常配合，把嘴张得非常大。宝宝在刷牙的时候出现的每一点进步都需要鼓励和表扬，因为宝宝都喜欢被肯定。让宝宝自己选择是被爸爸妈妈按住强行刷牙，还是自己张大嘴乖乖听话地刷牙。如果宝宝选择乖乖听话地刷牙，家长需要温柔操作，不让宝宝有不良的感受，让宝宝知道，只要合作，刷牙原来是一件容易和轻松的事情。不要让宝宝有不良体验，这一点非常重要。

56 宝宝玩耍后不收拾玩具怎么办？

Q：小美老师，请问为什么宝宝玩耍后不爱收拾玩具？应该怎么办呢？

A：这是因为我们前期错过了宝宝的秩序敏感期，当宝宝开始关注于固定的物品放在固定的位置时，我们却认为这是宝宝的执拗，实际上这就是培养宝宝收拾玩具的最佳时期。同时我们经常替宝宝包办收拾东西，宝宝在偶尔收拾东西的时候，也没有及时得到正面表扬和认可。家长要求宝宝收拾玩具的时候，仅仅把这作为一项家务活来看待，没有看到收拾玩具背后对宝宝归纳、分类等能力的培养。

专家建议

　　家长把握住宝宝的秩序敏感期，事半功倍。如错过，就只能通过正面鼓励和好习惯养成的方法来培养。例如，宝宝收拾前和收拾后，晒个朋友圈，让亲友为宝宝点赞，或跟宝宝比赛谁收拾得又快又好。

57 宝宝只爱喝饮料，不爱喝水怎么办？

Q：小美老师，宝宝只爱喝饮料，不爱喝水怎么办？

A：首先，让宝宝了解喝水的好处，喝饮料的坏处。家长可以利用图书、绘本等讲一些相关的故事、知识，态度温和地教育宝宝，告诉他们喝饮料的坏处。

其次，家中不存饮料。就算偶尔让宝宝解馋也当场喝完。如果宝宝执意要喝饮料，家长可以在白开水里放上几片苹果或梨，让白开水带有一点甜味。

再次，增加喝水的趣味性。比如，可以和宝宝玩喝水游戏，找来两只小杯子倒上同样多的水，家长拿一只，宝宝拿一只，一起"干杯"。再如，让宝宝用颜色鲜艳、有可爱图案的杯子喝水，或直接让宝宝用自己喜欢的杯子喝水。

最后，家长和小伙伴成为宝宝喝水的榜样。比如，家长可以有意告诉宝宝自己喝了多少水："宝宝你看，妈妈喝了一大杯水，宝宝也来喝一杯吧。"另外，宝宝喜欢互相模仿，家长带宝宝在外时可随身预备水，看到其他宝宝喝水了让宝宝也跟着喝。

58 多大的宝宝可以使用鸭嘴杯?

Q：小美老师，多大的宝宝可以使用鸭嘴杯？使用鸭嘴杯有什么好处？

A：鸭嘴杯适合 6 个月以上宝宝使用，作为从奶瓶到吸管杯的过渡训练杯。除了吸口较宽，能够稳定口腔上下颌，在喝水时，只要稍微倾斜一下，就可轻松喝到杯内的液体，宝宝较容易使用。

59 3 岁宝宝上幼儿园以后就开始尿裤子怎么办?

Q：小美老师，我家宝宝 3 岁了，在家的时候好好的，可上了幼儿园就开始尿裤子，为什么呢？怎么办才是对宝宝好？

A：首先，不能批评、斥责宝宝。宝宝尿裤子后本身就很紧张，家长的批评或声张会使宝宝感到害怕。家长要考虑宝宝的心情和感受，注意保护其自尊心，不要给他们增加心理压力。

其次，帮助宝宝消除对新环境、对老师的恐惧。对于不习惯蹲坑的宝宝，家长可以有目的地对宝宝进行如厕锻炼。另外，家长要叮嘱宝宝想如厕时告诉老师，不要害羞或害怕，老师并不会批评，而是会给予帮助。这也需要家长与老师积极沟通，请她特别留意宝宝的如厕情况。

再次，让宝宝养成良好的如厕习惯。家长不给宝宝穿过于复杂的衣物，以消除宝宝如厕时的障碍；在家按时提醒宝宝独立如厕；睡前尽量不要让宝宝过多地喝水；以儿歌、故事等形式告诉宝宝，要主动去厕所，不能憋尿，让宝宝养成独立如厕的好习惯。

60 3岁宝宝爱乱扔东西怎么办?

Q: 我女儿3岁了，爱乱扔东西，玩具到处乱扔，弄得家里乱七八糟，还得大人帮她收拾，该怎么办?

A: 随着年龄的增长，如果宝宝还有乱扔东西、不收拾玩具的习惯，从表面看是他乱扔东西，不懂得收拾，实则是宝宝归位意识较差，没有条理性，缺乏秩序感。3岁之后宝宝的秩序感开始发展，需要成人给予适时、适当的引导。如果之前都是家长在收拾宝宝的"烂摊子"，那么现在可以尝试交给宝宝自己来做了。

想要培养宝宝的秩序感，改掉宝宝乱扔东西的习惯，要做到以下几点。

首先，要让宝宝了解收拾东西的重要性。家长可以给宝宝读一些与勤劳、整洁有关的故事，让宝宝懂得保持干净整洁是一种美德。平日家长要通过自身的行动给宝宝做表率，利用宝宝爱模仿的天性，逐渐渗透。比如，家长在收拾东西时可以对宝宝说："你看，这样把东西收拾好后多利索、多整洁呀!"

其次，与宝宝订立约定。宝宝玩玩具之前家长可以和他约定，玩完玩具后需要自己把玩具收好，否则会没收玩具作为惩罚。家长应注意，约定需要坚持到底，不管宝宝收拾得多慢，都要让他自己做，一旦宝宝破坏约定，要果断"惩罚"，不能让他们存在侥幸心理。如果宝宝乱扔玩具，家长需提醒并耐心教导宝宝，不要严厉训斥宝宝，也不要跟在后面收拾。

最后，为宝宝选购少而精的玩具。玩具太多的宝宝不知道珍惜玩具，也是其乱扔玩具的原因之一。不少家长为宝宝购买各式各样的玩具，有时宝宝看着自己的一大堆玩具会选花了眼，玩一会儿这个，玩一会儿那个，乱丢是常事。另外，这也会使宝宝无法集中精神长时间玩一个玩具，不利于其专注力的培养。因此，家长不要给宝宝买过多玩具，选一些适合宝宝年龄特点的玩具，也是解决宝宝乱扔玩具的办法之一。

61 3 岁宝宝太好动有问题吗？

Q：小美老师，宝宝 3 岁了，特别好动，1 分钟都坐不住，是正常现象吗？

A：3 岁宝宝本身就是活泼好动的，就应该跑跑、跳跳、爬爬、蹦蹦的，爸爸妈妈们不用担心，如果宝宝没有这些行为才应该注意。所以，请放宽心。平时有时间多带宝宝一起玩，一起户外活动，增进亲子感情，消耗宝宝多余的精力。

62 5 岁宝宝有起床气怎么办？

Q：小美老师，我的儿子 5 岁了，每天早上只要不是自然醒的，他就会乱发脾气，不仅不肯起床，还乱扔衣服或号啕大哭，如何帮他改掉这个坏习惯呢？

A：第一，提前告知。在睡前告诉宝宝："明天早晨爸爸妈妈会在 7 点钟叫你起床，咱们约好起床以后不哭闹、不拖拉，乖乖穿衣服下床洗漱。"让宝宝有早起的心理准备。

第二，运用小技巧叫醒宝宝。比如，利用光线的变化叫醒宝宝。早上尝试缓缓地拉开窗帘或逐渐调亮台灯，让光线一点点变强，这样宝宝有个适应的过程，不至于突然因强光刺眼而惊醒。再如，利用早餐的香味刺激宝宝嗅觉。闻到食物的香味，知道有可口的早餐在等着自己，宝宝可能会主动起床。另外，用儿歌、轻快悦耳的铃声当闹钟叫醒宝宝。音乐既有提神的作用，也能让宝宝的情绪随着音乐好起来。

Q: 我家宝宝上中班了,做事总是磨磨蹭蹭的。每天早晨起来,做事慢吞吞的,令人十分着急,为了节省时间我只好帮他穿衣、喂他吃饭。平时做事,总是走神,一会儿要喝个水,一会儿要上个厕所,本来很快就能完成的事情他总是拖好久。这是为什么呢?怎么帮他改掉这个毛病呢?

A: 磨磨蹭蹭地做事在宝宝中较为普遍,出现这种情况的原因很多,下面列举一些常见的原因,家长可以有针对性地采取措施帮助宝宝改掉磨蹭的习惯。

第一,与宝宝自身的气质有关。有些宝宝自身的气质属于黏液质或抑郁质,也就是俗称的"慢性子",他们总是慢条斯理,不管事情多着急都紧张不起来。作为家长,需要接纳宝宝的这一与生俱来的气质特点,允许他们在适当范围内磨蹭,并制订相对宽松的计划。尤其是对于急性子的家长,不能着急替宝宝完成,这样做不仅改不了宝宝磨蹭的习惯,还剥夺了锻炼他们的机会。

第二,宝宝不感兴趣或消极抵抗。兴趣是最好的老师,对宝宝而言尤其如此。由于宝宝年龄小,注意力易分散,宝宝只有在面对自己感兴趣的事物时才会较长时间地集中注意力,所以当宝宝做事东张西望、慢慢吞吞时,很有可能是他对当前的事物不感兴趣。这时如果家长执意要求宝宝继续完成,有可能引起宝宝的消极抵抗,故意拖延时间。因此,家长要了解宝宝的兴趣爱好,充分尊重宝宝的意愿,不勉强他们去做不感兴趣或不喜欢的事情。

第三,宝宝动作不熟练或没有掌握正确的方法。有的宝宝做事磨蹭可能是因为他对所做的事动作不熟练或没有掌握正确的方法,不知如何合理行动以提高效率。对于这种类型的宝宝,家长需要教会他们一些基本的技能,比如怎样穿衣服更快,怎样洗漱不浪费时间,怎样整理玩具取用更方便等。

第四,没有清晰的时间观念让宝宝不知道抓紧时间。家长要用不同的办法使宝宝认识到时间是世界上最宝贵的财富,比如给他们讲一些古往今来的成功人士珍惜时间的故事,或者让他们为自己的磨蹭付出代价,也可以在他们行动迅速时让其感觉到做事快的益处,以便让宝宝在生活中认识到磨蹭的危害和珍惜时间的意义。

第五，分心因素的干扰。比如，有的宝宝一边看电视一边吃饭，自然会吃得很慢，这时家长应关掉电视或者把进餐的时间提前或推后。再如，宝宝专心做事时，家长应尽量为其创造安静、没有分心刺激的环境。家长自己不要玩游戏、聊天、不时地嘘寒问暖，甚至在做家务时也要防止发出很响的声音以免使宝宝分心。

第六，家长缺乏耐心，过度包办代替。家长见宝宝动作慢就代替宝宝完成，往往手脚麻利的家长会培养出爱磨蹭的宝宝，因为他知道过一会儿家长会来帮助自己，因而产生了很强的依赖感。久而久之，宝宝不仅一如既往地爱磨蹭，而且失去了锻炼的机会。所以，哪怕慢一些，哪怕早起几分钟，家长也应尽量让宝宝自己的事情自己做。

64 宝宝总是丢三落四怎么办？

Q: 我的宝宝平时总是丢三落四、毛毛躁躁的，常常记不清老师的要求，昨天忘带画笔，今天又没拿彩泥。好几次他拿玩具出门和小朋友一起玩，回来时却两手空空，怎么帮他改正呢？

A: 第一，减少包办代替，消除宝宝的心理依赖。包办代替是现代家庭中的普遍现象，家长的包办代替让宝宝缺乏责任感，更失去了锻炼的机会。事前有家长安排，事后有家长收拾，宝宝自然不用考虑自己该做什么、该怎么做。家长应相信宝宝，让他们自己的事情自己做，并给予适时的鼓励和耐心的指导。不论做得好与坏，都应当让他们自己去尝试。

第二，建立整齐有序的家庭生活环境。很多家长由于工作繁忙，很少收拾房间，导致家里乱糟糟的。在这样的家庭环境中成长的宝宝也多半是随手乱放、随地乱扔东西的人。因此，要帮宝宝改掉丢三落四的习惯，需要建立整齐有序的家庭生活环境。家长可以把自己的物品与宝宝的物品分开，最好让宝宝自己摆放自己的物品。

第三，养成列清单、做检查的习惯。成人往往有列清单的习惯，家长可以将这个方法教给宝宝，把要做的事、要带的东西等分类或按一定顺序列好，完成哪个勾掉哪个。

第四，让宝宝为自己的行为负责。很多家长一旦发现宝宝丢了东西，会很快伸出援手。其实，让宝宝尝尝苦头是有必要的。家长可以利用自然后果来教育宝宝，让他们为自己的行为负责，同时体会一下自己的这一毛病带来的糟糕体验，更能督促他们吸取教训，自觉改正。比如，玩具弄丢了，不能马上买新的，找不到就没有玩具玩；去幼儿园忘记带什么东西，家长不要去送，让宝宝尝尝没有完成老师的任务而被批评的苦头。

65 宝宝不讲卫生怎么办？

Q: 小美老师，我家宝宝不讲卫生。比如，每次让他刷牙他都反抗，又哭又闹的；上完厕所要么不主动洗手，要么随便洗几下敷衍了事。没办法，最后都是大人帮他完成，怎么纠正呢？

A: 第一，要让宝宝充分了解讲卫生的重要性和不讲卫生的危害。家长可以通过一些与讲卫生有关的动画片、故事等教导宝宝，如给宝宝讲《不讲卫生的小猪》的故事，并在讲完后询问宝宝一些与讲究卫生有关的问题。

第二，耐心教给宝宝刷牙、洗脸、洗手等的正确方法。平日家长可以利用和宝宝一起洗漱的机会，教宝宝一些有关刷牙、洗脸、洗手的儿歌。这既可以让宝宝快速掌握正确的方法，又以生动有趣的方式调动了宝宝的积极性与参与性。如果宝宝不喜欢洗漱，家长可以尝试换一下洗漱用具，比如让宝宝自己挑选牙刷、牙缸、毛巾等。

第三，帮助宝宝将讲卫生变成一种良好的行为习惯。这需要宝宝的长期坚持和来自家长的鼓励。家长需要给予宝宝充分的锻炼机会，即使宝宝做得慢或者不够好，家长也不要包办代替，因为宝宝是在一次次的自我尝试中进步的。家长要基于事实多给予表扬和鼓励，正面引导，同时对做得不对的地方及时纠正。在这个过程中，家长一定要以身作则，给宝宝树立良好的榜样形象。另外，良好习惯的养成是一个缓慢的过程，家长要注意保持教育的一致性，不能今天规定，明天就放松了；妈妈严格要求，爸爸却放松管理，"三天打鱼，两天晒网"是不能帮助宝宝养成良好习惯的。

66 宝宝做事没长性需要干预吗?

Q：小美老师，宝宝做事没长性是什么原因？应该如何纠正？

A：做事没长性是宝宝的普遍特征，可能的原因有以下几点：

第一，与宝宝的注意力发展水平有关。3岁宝宝的注意力以无意注意为主，有意注意尚处于萌芽阶段。因此，家长要充分认识到这个年龄阶段的宝宝做事没长性是正常的。

第二，可能与家庭环境和家长养育方式有关。家长给宝宝买大量的玩具、书籍、乐器等，这为宝宝提供了更多选择，也成为了摆在宝宝面前的诱惑。宝宝可能手里玩着这个，心里想着另一个，注意力无法集中。

面对宝宝注意力分散的现象，家长可以采用适当的教育方法：

首先，在充分认识宝宝注意力发展特点的基础上，留心观察宝宝生活中的行为表现，了解其兴趣趋向，并以此为基础进行引导。3岁宝宝在成人的指导下，可以初步形成有意注意，但是集中注意力的时间仅为5分钟左右，容易出现注意力分散的现象；4岁宝宝的有意注意有一定发展，集中注意力的时间可达10分钟左右。

其次，赞赏宝宝注意力集中的表现，适当冷落其注意力分散的行为。宝宝大都渴望得到他人的关注，家长和教师可以利用宝宝的这一特点延长其集中注意力的时间。当宝宝开始出现注意力分散的行为时，要立即给予关注，比如走到宝宝面前，称赞他已经完成的部分活动，并表示"这项活动很有意思"。一旦宝宝的注意力时间有所增加，要立刻进行表扬，并给予更多的关注。

最后，创设有利于宝宝集中注意力的环境，并提出适当的任务要求。比如，保持环境安静，宝宝专心做事时不随意打扰，不同时提供多种玩具等。宝宝的有意注意是在外界环境中，特别是成人的要求下发展的。家长可以适时采取措施帮助宝宝明确注意的目的和任务，通过提出问题、要求等方式，引导宝宝有意识地注意某些事物或发现正在从事的活动的意义，创造机会使宝宝在活动过程中感受到自信和快乐，从而延长其注意时间。但是在提出任务要求时，要注意适度适量，采取循序渐进的方法，不能急于求成。

67 宝宝专注力差怎么办？

Q：小美老师，我家宝宝对什么玩具都只玩一会儿，专注力差怎么办？

A：宝宝多大了？每次宝宝玩一个玩具可以坚持多久呢？

Q：宝宝 8 个月了，在网上按照月龄给她买的套塔、键琴，她都不怎么喜欢，玩 2 分钟就没兴趣了。

A：您别担心，宝宝专注力还可以，不同月龄宝宝的专注时间是不一样的，1 岁内宝宝玩一个玩具能坚持 3 分钟左右是正常的。值得注意的是只有宝宝感兴趣，专注的时间才会长，不用强压宝宝玩什么，调动宝宝兴趣很重要。生活中我们可以这样做：

①家庭要干净整洁有秩序。

②玩具要收纳，不要扔得哪里都是，每天准备 2～3 个玩具就可以，根据宝宝的兴趣随时调整玩具。

③当宝宝在专注某一件事时不要打扰。

④培养宝宝的阅读习惯。

⑤根据宝宝的兴趣合理安排游戏和互动。

⑥经常带宝宝到户外做一些感统游戏，如滑滑梯、荡秋千、看看花花草草，让宝宝多亲近自然。

⑦可以带宝宝做些精细动作的游戏，如撕纸、涂鸦、抓握等。

⑧不给宝宝玩手机等电子产品，2 岁内不建议看电视，2 岁以上每周看两次，每次不超过 15 分钟。

68 16 个月宝宝总喜欢动手怎么办？

Q：小美老师，我家宝宝 16 个月，总喜欢动手，今天把阿姨脸都抓伤了，我要怎么去引导她不能打人这件事呢？

A：您好，对于 1～2 岁的宝宝，高兴不高兴都会用打人来表达，"手舞足蹈"就是这种情况。

首先，16个月的宝宝已经能听懂大人说话了，我们要加强宝宝的语言训练，让宝宝用语言来表达。大部分宝宝是因为着急说不出话来，就会动手。

其次，16个月的宝宝已经有一些自我控制的能力了，我们多帮助宝宝在愤怒的时候控制自己的情绪，并且教给宝宝一些发泄情绪的方法，比如让宝宝大声说"不"，或者踢踢球、拍拍球。

如果宝宝是因为喜欢人而打人的话，我们可以教宝宝：轻轻摸一摸，不要摸头或脸，摸摸身体即可。并经常带宝宝练习，过一段时间宝宝就会表达喜欢的情绪了，而且自我控制力会提高。

69 宝宝爱打人怎么办？

Q: 宝宝爱打人怎么引导？

A: 首先，要找到出现打人行为的原因。对于3岁以上的宝宝来说，打人大多是为了达到自己的目的（如得到某件物品、达成某个愿望、争抢玩具等），或宣泄不满。随着年龄的增长，含有恶意的敌意性攻击（如故意伤害、恶意辱骂别人）会逐渐增加。

其次，反思自己的教育方式和行为。有的家长过于溺爱宝宝，有求必应，导致宝宝稍有不满就打人；有的家长坐视不管或把宝宝打人看作"很有意思"的事情，甚至会说"真厉害、真有力气""这样以后不会受欺负"等类似的话，这种做法极不可取，会让宝宝把打人当成一种乐趣。在发现宝宝出现攻击行为时，家长应保持冷静，严肃认真地给宝宝讲明道理，切忌对宝宝严厉打骂，这样会让宝宝认为只有暴力才能解决问题，并在生活中模仿家长的行为。

再次，注意宝宝的打人行为是否受到同伴的影响。在进入幼儿园后，宝宝行为习惯的模仿对象不再仅仅以家长为主，还增加了同伴之间的模仿。所以家长要注意宝宝的同伴交往情况，教导宝宝不要向打人骂人的小朋友学习，他们的行为不文明，有了问题应该及时告诉教师或家长，而不是通过攻击他人来解决。

70 宝宝偷拿别人东西怎么改正?

Q：小美老师，宝宝为什么喜欢偷拿别人的东西？应该怎样引导他改正？

A：宝宝偷拿别人东西可能有以下几点原因：

①宝宝的需求没有得到满足；

②寻求刺激；

③寻求关注。

专家建议

　　家长先不要给宝宝的行为定义为"偷"，心平气和地与宝宝沟通他拿别人东西的真实原因。理解宝宝后，对于宝宝的真实需求要给予满足，不论是物质需求，还是情感需求。在信任宝宝的前提下引导宝宝想办法去解决，不要直接强迫宝宝认错，而影响宝宝反思自省。最后，再次表达对宝宝的信任和爱，宝宝依然是好宝宝。

71 4个月宝宝一直跟大人睡怎么办?

Q：小美老师，宝宝4个月了，一直跟父母睡，我觉得这样他睡得比较踏实，晚上不会哭闹，白天精神也好。但我看许多文章或者视频都建议分床睡，哪个选择才对呢？

A：如果您喜欢和宝宝睡一张床，那也没关系。但是请注意，晚上睡眠时别搂抱着宝宝睡就行，这样会让宝宝形成依赖性而且宝宝的身体也不能完全放松，会影响宝宝身体成长。将来想和孩子分床睡，也很难转变。记住，一旦您采用了所谓的解决宝宝睡眠问题的捷径，您的宝宝会随时给您造成困扰。

72 为什么7个月宝宝怕生?

Q：请问7个月怕生是宝宝这一时期的特点吗？

A：在社会交往方面，怕生是宝宝这一时期的一个特点。宝宝在熟悉的环境、熟悉的人面前活泼可爱、稚气十足，能够独坐着玩耍，看见爸爸妈妈和熟悉的人都会笑，喜欢和这些亲近的人在一起。但是，如果家里来了一个陌生人，有的宝宝就会害怕地躲进妈妈的怀抱里，既不敢看又不让抱，假如陌生人强行抱宝宝，宝宝就一面大哭一面把身体来回扭动，努力想把身体挣扎出来。这些都是宝宝感情和认知能力的发展，这说明宝宝能够对自己不认识的地方或人产生不安及恐惧感，已初步学会区别熟悉的和陌生的人与物，这就是怕生。

为了使宝宝顺利地度过怕生时期，使心理发育有一个更好的适应期，爸爸妈妈应注意家中有陌生人来拜访时，不要让陌生人太急切地接近宝宝、抱宝宝。应是先通过自己与陌生人热情友好的谈笑，来感染宝宝，让宝宝建立起对陌生人的信任，也可以让陌生人通过给宝宝玩具等方式来接近宝宝。另外，平时让宝宝多接触一些新奇的东西，如新奇的玩具、邻居家的小孩儿等，以培养宝宝的接受能力。怕生是宝宝心理发展的一个正常过程，随着宝宝的逐渐长大，怕生现象就会逐渐消失。

73 1岁多宝宝分离焦虑怎么办？

Q: 小美老师，月月现在1岁多了，还总是离不开我，晚上不要跟阿姨睡，离开我时间长了就会焦虑，怎么办呢？

A: 这是正常的，而且是好的现象，您不用焦虑或担心。1岁到1岁半正是分离焦虑的高峰时期，见不到妈妈都会哭闹，宝宝眼睛看不到人和事物，他就会觉得这个物品消失不见了。这个时期宝宝对妈妈会非常依恋，如果妈妈离开，宝宝会因为不知道妈妈还会不会回来而惊慌失措，只有妈妈和宝宝的依恋关系好才会有这种表现，如果宝宝不要妈妈，只要阿姨那才值得我们担心。

平时不要跟宝宝说"你再这样妈妈就不爱你了""如果你不乖我就不要你了"这样的话。有时间多跟宝宝互动，如躲猫猫、搭积木、亲子共读等。妈妈上下班可以安排一些仪式，如亲吻、拥抱等。不要偷偷离开，骗宝宝只有一会儿，然后快速决绝地离开。告诉宝宝什么时间会回来，答应宝宝这个时间回家就一定要回来，然后带着宝宝看看时间："你看，妈妈说××点回来陪宝宝，妈妈就回来了是吧！"

74 母乳喂养时间长会影响宝宝独立吗？

Q：小美老师，我家宝宝是母乳喂养，我想尽可能多地喂他几个月，但有朋友说母乳喂养时间长了会影响宝宝独立性的养成，是这样吗？

A：您好，心理学研究显示，健康的独立人格是建立在安全稳固的心理上的，只有宝宝感受到安全、满足，才会有需求向外探索，才有能力走向独立。因此，母乳太长时间并不会影响宝宝独立，而且对宝宝将来的独立有帮助，一个宝宝的正常心理需求不应该受到太多言论干扰。

75 宝宝胆子特别小怎么办？

Q：我家宝宝6岁了，但是相比同龄的宝宝，胆子特别小，让他尝试新的东西他总是畏首畏尾的，怎样改变他胆小的性格呢？

A：第一，别轻易给宝宝下结论，其实宝宝表现出的不自信是有多种原因的，也许他在众人面前有些害羞，也许他的确有些胆怯，也许他不愿意在外人面前去展示自己，但宝宝有宝宝的想法。因此，我们不要轻易指责宝宝，千万不要当着别的宝宝的面数落他，这会导致宝宝失去自信。要知道，宝宝的自信是需要培养的，当宝宝进步时，大人要及时对他鼓励；当宝宝遇到挫折时，家长要给予适当的帮助并鼓励他克服困难。让宝宝正确地认识自己，知道自己的长处和不足，这是培养宝宝自信的关键。

第二，发现宝宝胆小，不要犹豫，尽快引导。有一些家长认为，宝宝胆小不是什么大不了的事情，等长大了，就自然好了，因此不进行教育干预，这样的家长缺乏敏感性。其实，如果不对宝宝的胆小性格加以教育，发展下去，胆小的性格就会演变成回避型人格。这种人格，因害怕与外界打交道而把自己局限在自我的狭小圈子，而人是在与环境的相互作用过程中获得发展的。

第三，放手磨炼宝宝。要敢于放手让宝宝在生活中得到锻炼。有的家长总是把宝宝当成小宝宝，怕宝宝禁不起摔打，动不动就说"你不行""你还小"。家长的包办代替会养成宝宝胆小怕事的性格，缺乏独立精神和应变能力，一旦离开父母便神色慌张，不知所措。适度的挫折与磨难，对宝宝的成长来说，是不可或缺的财富。

第四，放大宝宝的"闪光点"。对于宝宝的畏缩行为，父母要尽量克制自己的感情，不做太强烈的反应，并善于发现，强化宝宝身上的闪光点，避免拿别人的标准来判断自己的宝宝。再胆小怯弱的宝宝，偶尔也会有大胆的举动，也许在父母看来这微不足道，但做父母的，必须努力捕捉这些稍纵即逝的闪光点，给予必要恳切的表扬鼓励。

第五，树立正面的榜样。经常跟宝宝说说英雄故事，或引导宝宝看一些反映英雄人物的影视片，给宝宝买一些这方面的书刊，让故事中英雄的言行来潜移默化地影响宝宝。给宝宝积极的心理暗示，给宝宝列举一些他的勇敢行为，如能大声讲话承认错误，等等，还应注重父亲对男孩性格的影响。

第六，通过正确的训练，让宝宝变得胆大。比如宝宝不敢在生人面前或在班级里讲话，要告诉宝宝，只要想好了说什么，怎么说，大胆去说，任何人都是欢迎的。别的小朋友能做的事，你必能做到，而且能做得很好。宝宝有准备地迈出第一步后，及时肯定，第二步、第三步就好办了。

76 宝宝不喜欢与人接触怎么办？

Q: 小美老师，我发现我家宝宝特别不喜欢接触人，别人一逗就躲起来，该怎么引导宝宝勇敢面对呢？

A: 宝宝多大了，是不是很少出门啊？

Q: 是啊，10 个月了，外面天气冷，我们担心宝宝着凉感冒，很少带她出去。

A: 是的，冬天户外活动的小朋友是比较少，这样对宝宝社会交往是有影响的。10 个月的小孩对小朋友是非常感兴趣的。我们在天气好的时候多带宝宝去户外玩，帮宝宝带上几个玩具，可以跟小朋友分享。大人也带头多跟周围的小朋友打招呼，引导宝宝跟大家打招呼，但不强迫宝宝。也不要强迫宝宝跟陌生大人打招呼，防止陌生大人对宝宝过分亲热，吓到宝宝。

77 宝宝特别爱哭怎么办？

Q: 小美老师，请问我的宝宝特别爱哭是什么原因？该如何引导她走出情绪，改掉这个习惯？

A: 哭就是一种情绪的表达方式。爱哭，就是说明宝宝习惯于用"哭"的方式来表达和解决问题。家长的错误做法在于看到宝宝哭的时候，急于制止宝宝哭的行为，当宝宝不哭的时候，就以为宝宝的问题解决了。但家长却忽略了宝宝哭的原因，也没有帮助宝宝找到更多的表达方式和解决问题的方法。建议采用如下的步骤：允许宝宝哭一会儿，抱着她、陪着她、温柔地说一句"宝贝，你哭一会儿吧，我陪着你"，等到宝宝情绪平稳后，帮助宝宝梳理事情细节和表达每个细节的感受，再引导宝宝思考，除了哭，我们还可以用什么样的方式来表达和解决问题。

78 宝宝对打针有恐惧心理怎么办?

Q: 小美老师,我家宝宝特别害怕打针,有时候我们告诉他不打针,结果宝宝看到医院的大门就开始哭,我们该如何应对宝宝打针的这种恐惧心理?

A: 去医院打针前我们就应该告知宝宝接下来要去哪里,要做什么,别说"不打针""打针不疼",不然宝宝就觉得大人在骗他,以后即使不打针,宝宝也不会相信,而且还会愈加地对医院产生恐惧。所以,一定要告诉宝宝要去哪里,要做什么,为什么要这样,要把真实的感受告诉他。另外打针时大人别焦虑、紧张,这样会加重宝宝对打针的恐惧,

即使宝宝哭闹也是宝宝排解负面情绪、自我保护的一种方式,允许宝宝哭并给予安抚,抚摸宝宝、拥抱宝宝,告诉他"我知道打针疼,妈妈陪着你"。最好在医院排队等候时可以引导他看看周围新奇的事物,激发宝宝的好奇心,转移注意力。让宝宝看看打针没有哭的宝宝,也会降低他的害怕情绪。生活中也要多多锻炼宝宝的抗压能力和忍耐力,告诉宝宝打针的原因,打针疼,我们可以忍一忍。如果宝宝忍耐力有一点点进步,就及时鼓励宝宝。

79 怎样建立宝宝的安全感?

Q: 请问小美老师,宝宝有足够的安全感有哪些好处?该如何增加宝宝的安全感?

A: 安全感是学龄前儿童与人建立积极情感关系的保证。宝宝在儿时拥有了安全感,在上学时就敢接近别人、与人交往,并体验到交往的乐趣,激发探索的热情。有安全感的宝宝会觉得爸爸妈妈是爱自己的,在自己需要帮助的时候,爸爸妈妈会及时出现,因此会更加大胆地去探索世界。相对于缺

乏安全感的宝宝而言，有安全感的宝宝随着年龄的增长，更愿意离开爸爸妈妈，不会占用爸爸妈妈的很多时间，更能养成独立精神。

宝宝饥饿、困倦或疼痛时所发出的哭声有着细微的差别，细心的妈妈往往能够分辨出这些差别，因而能正确地满足宝宝的需要。长此以往，宝宝会对妈妈产生信任，因此建立起安全感。

反之，无论宝宝在何种状况下哭，粗心的妈妈都分辨不出宝宝哭声的差别，无法满足宝宝的真实需要，而是根据自己的猜测来满足宝宝。长此以往，宝宝会对妈妈缺少信任。

想要获得宝宝的信任，帮助宝宝建立安全感，爸爸妈妈只需和宝宝相处时把自己的眼睛、耳朵及其他所有的感官都用在宝宝身上，就可以敏感地捕捉到宝宝发出的信号。

有一种观点认为，宝宝哭了不要抱他，如果宝宝吃饱了、换了尿布，就让他哭吧。其实，这种观点忽略了一点，宝宝哭并不是尿湿了或者饿了，而是他需要你的关爱。1岁以下的宝宝哭的时候一定要哄，只有爸爸妈妈对宝宝的情绪反应做出积极正确的回应，宝宝才会觉得舒适与满足，进而会产生最初的安全感，会对周围的世界产生信任和期待。

(80) 宝宝不愿上幼儿园怎么办?

Q: 小美老师，宝宝节后不愿上幼儿园怎么办?

A: 我们提前 2 ~ 3 天就要给宝宝"吹吹风"，告诉他再过 2 天爸爸妈妈要去上班了，你也要去上幼儿园了。要让宝宝有一个思想准备；家里的作息时间和幼儿园调成一致，让宝宝身体上也有一个适应过程；还可以跟宝宝聊一聊班上的小朋友和老师，看看大家放假都去哪里玩了，大家互相都很想念彼此；再准备一些旅游时的照片或纪念品，让宝宝带到学校跟小朋友分享。

Q: 宝宝有很多才艺,在家表演的时候兴致很高,可到集体场合就不愿意表演,怎样帮助他做出改变呢?

A: 家长可以从以下几个方面做出努力,帮助宝宝成长:

首先,耐心询问宝宝拒绝的理由,倾听他的感受。在幼儿园不敢表现,宝宝自己心中肯定也有心结,这时家长千万不能一味责怪甚至呵斥宝宝,而应静下心来听一听宝宝的想法和理由,给他一个开口说话的机会。比如,问一问:"为  什么不愿意表演?可以跟妈妈说一说吗?"在宝宝表达完自己的想法后,应表示理解:"妈妈知道你怕表演不好。没关系,妈妈不会责怪你的。"这样可以帮助宝宝通过倾诉的方式抒发内心的压力和担忧,同时也可以帮助家长了解宝宝的想法,判断其合理性,从而为下一步帮助宝宝做准备。

其次,帮助宝宝建立积极的自我概念,接纳自我,提高自信。一方面,家长可以在日常生活中多对宝宝进行正面评价,帮助其正确认识自己的优点,形成积极的自我评价,提高自信心。比如:"你跳得真好看,看得妈妈也想跟着一起跳了!"另一方面,家长要帮助宝宝认识到有缺点不可怕,事情做错了也不可怕,要学会接纳自己的缺点。比如,宝宝可能因为记不住动作而苦恼,家长可以鼓励他:"咱们慢慢来,一点一点地记,多练几遍就好了,不用担心!"

最后,请老师配合,帮助宝宝克服害羞情绪。宝宝羞于在集体面前表现,那就创造机会让宝宝多练习应对这种状况。家长可以与老师相互配合,请老师多给宝宝在集体面前表现的机会,并带领班上宝宝一起给予其积极评价,锻炼其胆量,增强其自信。

82 宝宝太敏感，"玻璃心"怎么办？

Q：宝宝从小心思敏感，被人说一句都会失落很久，甚至会一个人偷着哭，这种表现是不是太"玻璃心"，家长应该怎样帮助他呢？

A：有些家长对宝宝的敏感性格过于在意，甚至会给宝宝贴标签，当着宝宝的面在他人面前宣布"我的宝宝很敏感，特别爱哭"。殊不知，宝宝可能会将这个标签贴进自己的内心，甚至会认为"爸爸妈妈不喜欢我的敏感，敏感是不好的"。然而，宝宝的敏感只是露出冰山的那一角，其背后正是因缺少父母接纳而导致的安全感欠缺。家长需要明白，接纳与关爱宝宝意味着不仅要爱宝宝性格中的优点，还要爱宝宝不够完美的地方，只有这种来自原生家庭、无条件的爱才会帮助宝宝建立安全感。

83 宝宝自尊心特别强怎么办？

Q：小美老师，我家小孩4岁，自尊心特别强，过于好胜，要不要大人干预一下？应该怎么疏导好呢？

A：宝宝太好胜的原因是喜欢通过他人的认可满足自己的自尊心，这样的做法往往会忽略同伴的感受，不利于宝宝的人际交往。因此建议家长：
第一，注意观察，在家庭里面，家人有没有刻意培养宝宝从长辈的赞赏中来获取成就感和满足感的行为，有的话，家长需要调整这个习惯。
第二，培养宝宝从非人际关系的部分来获得成就感，多一个成就感来源，宝宝对人际关系的成就感需求会降低很多。

第三，培养宝宝对他人感觉的感知能力，这个要从家庭开始。方法是，在家庭沟通中，大人多谈到自己的感觉，同时不要害怕自己的情绪和感觉会伤害宝宝，让宝宝学会根据周围的人的感受调整自己的行为，让宝宝正视自己感觉的同时，对自己给他人造成的影响也能够正视。

84 宝宝好胜心太强怎么办?

Q: 宝宝跟同龄宝宝玩游戏,总是因为谁赢了谁输了打架,非要说自己赢了,不然就大哭,该怎么办呢?

A: 这是宝宝成长中自尊心、上进心萌发的表现,宝宝希望什么事情都做得最好,还不能够忍受失败带来的挫败感。

另外,家长需要观察一下自己是否有这样在乎输赢的心态,是否经常强调你赢了这样的观念,如果有就要及时地调整。

还要告诉宝宝:"妈妈需要告诉你,不管输和赢,我都是爱你的。自己努力做了就可以了,我们不可能把所有事情都做到最好。"生活当中多带宝宝发现真、善、美,多称赞和夸奖别人。

85 1岁半宝宝爱发脾气怎么办?

Q: 小美老师,宝宝1岁半了,特别爱发脾气,每次发脾气都闹半天,作为父母该怎么疏导他的坏情绪呢?

A: 宝宝爱发脾气往往有以下几点原因,先了解一下宝宝发脾气的根源,根据不同情况应用不同的方法。

①因为需求没有得到满足而发脾气,如果宝宝的需求是正当的,为什么不能满足呢?如果宝宝无理取闹,等宝宝冷静下来后告诉宝宝正确的行为以及他需要控制自己的情绪。

②因为不被理解而发脾气, 学会倾听,听宝宝把他的想法表达出来。

③因为被忽视而发脾气, 对于这种情况千万不要呵斥宝宝,多点耐心。

④因为不能延迟满足而发脾气,从小事开始训练宝宝延迟满足的能力。

86 3 岁宝宝用哭闹威胁大人怎么办？

Q：小美老师，宝宝快 3 岁了，不依着她，她就哭闹，道理讲不通，有时候都觉得莫名其妙，怎么跟她沟通呢？

A：看来我们宝宝已经进入执拗的敏感期，这个敏感期对家长比较有挑战！有些宝宝在快 3 岁就提前进入这一敏感期。表现为事事得依他的想法和意图去办，否则情绪就会产生剧烈变化，发脾气、哭、闹。我们要知道每一个敏感期都是自然赋予宝宝的，是每个宝宝成长中必须要经历的。所以我们先要尊重宝宝执拗的过程，无须对宝宝发脾气，然后我们要做的就是变通，多倾听，了解、允许宝宝的需求和想法，并给予建议和帮助，最后就是我们家庭一定要有规则，规则建立了，很多事情就自然而然解决了。

87 宝宝爱告状怎么办？

Q：小美老师，面对宝宝的告状行为，家长应该给出什么样的应对措施？

A：面对宝宝的告状行为应该怎么办呢？以下几点供家长参考：

第一，正确认识宝宝的告状行为，尊重宝宝的心理发展特点。面对宝宝的告状行为，家长首先要尊重宝宝，不能置之不理。因为对于宝宝来说告状是一件很严肃的事情，如果家长一味打击宝宝的告状行为，可能导致其是非判断能力降低，挫伤其自尊心。当宝宝告状时，家长要注意倾听，了解宝宝告状的对象和具体事件，并允许宝宝争辩。比如，宝宝告状说"哥哥小便之后没洗手"，家长要明白是因为宝宝看到的行为与已有的认知发生了冲突才告状，这时家长应告诉哥哥去洗手，从而让宝宝知道正确的规则是应该遵守并坚持的。

第二，分析宝宝告状的原因，从告状行为中了解宝宝的心理需求，并提供适当支持。比如，有的宝宝告状是为了获得家长的关注和肯定，那么家长要积极地给予回应。"他这样做是不对的，你没有这样做是好宝宝，以后也不能这样做哦。"这样的回应一方面对宝宝的行为表示了认可，并且转移了他的注意力，使宝宝不再纠结于告状；另一方面，也能帮助宝宝从中吸取教训，培养良好的行为习惯。再如，宝宝与同伴之间发生了矛盾，家长要设身处地地站在宝宝的角度考虑问题出现时宝宝的感受，并为宝宝提出解决冲突的建议。

第三，鼓励宝宝自己解决问题，培养其独立解决问题的能力。爱告状说明宝宝对家长的依赖性较强，独立水平较低。因此，当宝宝告状时，家长要鼓励宝宝自己思考解决问题的办法，要让宝宝明白，当发生矛盾或冲突时，除了发泄情绪，还要想办法解决冲突。长此以往，宝宝的告状行为自然会减少，解决问题的能力也会得到一定的提高。

88 宝宝觉得父母偏向怎么疏导？

Q：小美老师，我家姑娘今年 6 岁，她觉得我们偏袒妹妹，忽视了她，可是我们做家长的并不是这样的，如何才能让她觉得我们是一视同仁、不偏不向的呢？

A：首先，无论是对大宝还是小宝，家长都应做到一视同仁，不应厚此薄彼，因此家长要先反思自己是否真正地做到了这一点。

其次，要让姐姐明白，有了妹妹后，父母对她的爱依然不会减少，可以平时多抱抱姐姐，或者在一起多一些互动与游戏，多关心和询问她的学习与生活，增进亲子关系，千万不要一味地责怪姐姐不懂事、不谦让，不要无论大事小事都要姐姐让着妹妹，在批评姐姐时也要尽量回避妹妹。

最后，还可以在妹妹面前多让姐姐做些力所能及的事，这样多给她一些成就感，让姐姐做出榜样，同时父母适当地给予鼓励与表扬，提高姐姐的自信心。

89 宝宝失败后的不良情绪该如何疏导？

Q：小美老师，宝宝失败或者面对挫折时会不开心，该如何正确地开导他呢？

A：第一，引导宝宝倾诉心声，并为其提供心理支持。宝宝在遇到失败或挫折而出现不良情绪时，家长应予以关注，问一问"你怎么了？有什么不开心的事情吗？可以给我讲一讲吗？"引导宝宝将事由或心中的感受说出来。

这样不仅有利于了解宝宝的想法，而且宝宝在倾诉的过程中也提高了他们的情绪表达能力，并释放了不良情绪。同时，家长可以站在宝宝的角度去体验宝宝的感受，给予同情和安慰，为其提供心理支持。

第二，转移宝宝的注意力。宝宝年龄小，好奇心强，特别容易被新奇的事物吸引。当宝宝出现不良情绪时，家长可以充分利用宝宝的这一心理特点，把他们的注意力从不愉快的事情上转移到新奇有趣的事物上。

第三，适度宣泄。家长不妨为宝宝的消极情绪创设一个宽松的环境，给他们一个具体的空间、一定的时间适度宣泄一下，情绪自然就会好转。比如，宝宝生气时，可以给他一个枕头，供其宣泄怨气。

第四，引导宝宝正确看待失败。失败后有不良情绪是非常正常的，除了以上几点可以应对宝宝的不良情绪外，引导宝宝正确看待失败是其今后遇到失败时能有效应对的关键。家长应引导宝宝明白失败也是另一种学习途径，失败并不可怕，在失败后能乐观面对，并积极寻找途径提高自身能力，更能成为一种宝贵的经验。

Q：由于工作原因，宝宝都是由家里老人抚养，之前是宝宝奶奶带，现在考虑奶奶带宝宝也比较困难，所以准备把宝宝送到外婆家，但是不知道这样对宝宝会不会有负面影响。

A：建议宝宝的养育人要尽可能固定，最好是妈妈或者爸爸亲自带养，如果是奶奶或外婆带养也可以，但是一定要固定一个有爱心的人，并且能够多和宝宝交流。很多宝宝由奶奶和外婆轮流带养，每人带养一段时间，结果，宝宝变得反应非常迟钝、呆板，甚至智力发育出现问题。

其实宝宝和固定的抚养人之间会建立一种默契，宝宝的需求会得到抚养人相应的回应，当宝宝的需求获得相应的应答时，才会感受到信赖和安全。这样他才有兴趣寻求视觉、听觉等刺激，进行探索和学习。如果抚养人经常变动，由于每个抚养人养育的风格不同，就会使宝宝产生不安全的感觉，也就没有兴趣和别人交流探索了。

因此，基于这种情况，可以固定奶奶或外婆某一位带养宝宝，其他家人帮助做家务，换一种方式分担劳务。同样的道理，照看宝宝的保姆最好也不要频繁更换。

91 宝宝特别小气怎么办？

Q：小美老师，宝宝2岁了，特别小气，不让别人动他的东西，也不愿与人分享，讲道理也不管用，该怎么引导一下呢？

A：您好，2岁左右的宝宝开始有自己的物权意识，但是他们会认为所有东西都是自己的，分享后自己就会失去这个东西，所以就出现了不分享的现象。遇到这种情况，家长可以告诉宝宝玩具和其他小朋友分享之后，还是可以拿回来的，让他们对物权有更准确的认识，并且示范给宝宝看，比如爸爸把玩具给妈妈，过一会儿妈妈再把玩具还给爸爸，如果宝宝坚持不分享，则一定不要强迫，切记这是正常现象，随着年龄的增长会自然消失。

92 宝宝和小朋友抢玩具时怎么做？

Q：小美老师，今天我特别难过，也很自责，豆豆跟小朋友抢玩具，我劝说不管用后就很生气，强行把他拉回了家，他一直哭，嘴里还一直重复着不能抢玩具，这种时候我该怎么做才对呢？

A：首先，当宝宝因为和小朋友抢玩具发生肢体冲突时，要及时制止，防止有小朋友受伤；其次，带宝宝离开冲突现场；再次，家长用语言表述出宝宝现在的心情，告诉宝宝"妈妈理解你，妈妈知道你现在很难过很生气"，抱抱宝宝；再次，等宝宝情绪平稳了，告诉宝宝应该怎么做，生活中也经常给宝宝做交往示范，教给宝宝一些交往技巧；最后，陪宝宝一起做耐心等待和自我控制力的练习，下次宝宝控制自己情绪及行为时及时给予鼓励。

93 怎么给 8 个月宝宝挑玩具?

Q: 小美老师,宝宝 8 个月了,不知道怎么给宝宝挑选玩具,您能给一些参考建议吗?

A: 您好,8 个月大的宝宝各项运动能力有了很大的提升,家长可以根据宝宝的发育情况,给他准备一些能滚动的、色彩鲜艳的球类玩具,这能够激发宝宝的玩耍兴趣,还可以引导宝宝多多爬行。宝宝可以用手去抓、推、拍等,等他长大一些,还可以踢。家长也可以给宝宝准备一些敲打、摇晃类的玩具,比如可以敲打的琴或鼓,虽然这个年龄段的宝宝可能还不会自己拿锤子敲打玩具,大多是直接用手拍,但家长可以多多给宝宝示范,这类玩具可以锻炼宝宝手臂的肌肉,还能让宝宝发现"摇晃"与"声音"之间的联系。另外,家长可以准备一两本结构坚固、插图颜色鲜明、内容简单的书,在宝宝情绪好的时候进行亲子阅读,这对宝宝今后的语言和认知能力的发育都有很大帮助。需要提醒的是,家长切记不要一次给宝宝准备太多的玩具,这很可能会导致宝宝对玩具快速失去兴趣,还会影响宝宝的专注力。

94 给 1 岁宝宝买什么玩具好?

Q: 小美老师,给 1 岁宝宝买了电动车,宝宝并不喜欢,那应该怎样给他选玩具好?

A: 您好,宝宝真正喜欢的不是玩具本身,而是操作玩具能够带给他们的变化、惊喜、想象力、力量感、成就感等。所以,一个电动玩具车远比不上几个纸箱、一堆积木、一些沙子和水、一个泥坑更好玩更有趣。

95 宝宝自私怎么办?

Q: 小美老师,宝宝不会分享是自私的表现吗?应如何引导她呢?

A: 宝宝在 2 ~ 4 岁往往有一个阶段是以自我为中心的,这不是我们所理解的自私,是很正常的一个阶段。我们要理解,而不要强迫宝宝必须分享。可以通过换位的游戏来让宝宝感受分享的快乐。最好不要用功利交换的说教来让宝宝分享，例如，只有你跟小朋友分享了玩具，他才能给你某某物品。这样功利心态的分享会影响宝宝的格局。

96 宝宝不愿意跟别人分享怎么办？

Q：宝宝不愿意跟别人分享是正常现象吗？如何引导他养成乐于分享的性格？

A：别担心，这是正常情况，有的家长可能觉得宝宝自私，甚至担心宝宝的社会交往和人际适应。想要让宝宝学会分享，要做到以下几点：

第一，尊重宝宝的想法。2岁的宝宝不愿把自己的物品与他人分享是很正常的，家长应尊重宝宝的想法，不应强制宝宝让出玩具，更不应因为宝宝的拒绝而对其呵斥、责备，甚至把玩具从自己宝宝的手中拿走去满足别的宝宝。长此以往，宝宝会觉得不仅是同伴，就连自己的父母都想抢走他的东西，这可能会导致其占有欲变得更强，或是性格变得越来越懦弱，形成优柔寡断、不敢反抗的性格。

第二，帮助宝宝学会换位思考。家长可以根据宝宝的亲身经历，通过回忆的方式，让他们了解被拒绝宝宝的心情。同时，积极创造条件，让宝宝体验分享的乐趣。比如，一幅拼图，一人拼左边，一人拼右边。

第三，培养宝宝分享的习惯。在日常生活中，家长应注重培养宝宝分享的习惯。比如，吃东西时，家长要有意识地做到人人有份，不能让宝宝一人独享。当宝宝把自己的东西拿给父母吃时，不要拒绝，父母应坦然接受，并给予赞许。

第四，及时强化宝宝的积极行为。当宝宝玩得高兴时，会不自觉地与其他小朋友分享物品。家长可以以此为契机及时表扬或奖励宝宝，并在事后询问宝宝与小朋友一起玩耍的感受，强化其分享行为。

97 宝宝太霸道怎样纠正？

Q：我的宝宝 5 岁多，最近发现他特别霸道。在幼儿园里他喜欢当小领导，别的小朋友一定要听他的，不然就不和别人一起玩。他的玩具不准别人碰，即使互相交换着玩，他玩够了就必须换回来。不准爸爸妈妈跟别的小朋友亲近，要是爸爸妈妈夸了或抱了其他宝宝，他非生气不可。不知道为什么我的宝宝控制欲这么强，该怎样给他纠正呢？

A：宝宝产生较强的控制欲是由多种因素造成的，包括自身因素和环境因素。在自身因素方面，由于自我意识的萌芽和快速发展，宝宝对事物的认识不再只是依靠成人的灌输，他们开始有自己的想法和判断，甚至有时会对成人产生怀疑。一般从 4 岁开始，宝宝就不再只是简简单单听从成人的"指挥"了，他们学会了表达自己的意见，宣告自己的主权。例如：什么东西是我的，我想做什么或不想做什么，我希望大人做什么或不希望大人做什么等。

在环境因素方面，首先，溺爱型和专制型的家庭教养方式可能导致宝宝控制欲过强。溺爱型的家长对宝宝有求必应，从而造成宝宝事事以自己为中心的行为方式；专制型的家庭教养方式也会潜移默化地影响着宝宝，比如专制教养使得宝宝学着家长对待自己的方式去对待同伴，或者专制教养使得宝宝情绪压抑，从而将不良情绪发泄到同伴身上。其次，许多宝宝是独生子女，缺乏与同伴交往的机会，他们不会分享，不知如何与他人相处。

此外，还有很多原因也可能造成宝宝控制欲过强，如模仿同伴行为、与同伴争宠等。

宝宝良好性格的养成并非一朝一夕之功，家长可尝试采取以下方法来帮助宝宝减少控制欲：

第一，给予关注，了解原因。通常宝宝并不会出现过于严重的霸道行为，家长需要关注和倾听宝宝的想法。可以多与宝宝沟通，了解他们为什么这样做后，解决问题就会更容易。

第二，帮助宝宝学会换位思考，理解别人的感受。家长可以通过读绘本、耐心讲解、角色扮演等方式改变其自我中心思维，让宝宝明白与同伴交往时考虑别人感受、尊重他人意见、和平共处才是最有效的办法。

第三，向谦和有礼的同伴学习。学习同伴的宽容态度和分享行为，知道怎样做才能让其他伙伴发自内心地喜欢自己，理解如果采取强硬的态度和行为，不但不管用，反而会起反作用。

第四，家长以身作则，给宝宝树立良好的典范。家长自己为人处世要做到民主、宽容、讲道理，尊重宝宝的意见，既不过分宠溺宝宝，又不过于专制。

98 宝宝不合群怎么办?

Q：家长应该如何帮助一个不合群的宝宝学会融入?

A：家长可以在以下几个方面帮助宝宝：

首先，积极引导性格内向的宝宝探索外部世界。家长要不断给宝宝传递积极信息，告诉他们外面的世界十分精彩、有趣，鼓励他们去接触和尝试。如果宝宝不愿一个人接触外部世界，家长可以耐心陪伴，帮助他们克服对外界的恐惧。比如，带宝宝去公园看其他小朋友怎样玩耍，等宝宝熟悉周围环境后，再让他与其他小朋友一起游戏。

其次，转变教养方式，避免包办代替。家长要尊重宝宝作为独立个体的人格与权利，避免时时刻刻以宝宝为中心，过分溺爱宝宝，事事包办代替。平时应注意培养宝宝的生活自理能力，防止其产生依赖心理，同时引导他们学会关心他人，注重他人的感受，摆脱过分的"以自我为中心"。

最后，给宝宝提供更多的人际交往机会。家长可以积极引导宝宝主动与同伴交往，比如邀请邻居或幼儿园小朋友到家里做客，为宝宝创造与同龄人交往的机会。当宝宝在与同伴交往过程中遇到问题时，家长可以帮助他们分析问题的原因，并尝试让其自己解决问题，从而使宝宝有意识地通过自己的努力结交朋友，提高社会交往能力。

99 宝宝只考虑自己怎么办?

Q：如何改掉宝宝只顾自己，以自我为中心的性格?

A：首先，让宝宝知道家长的付出。家长尤其是父母对宝宝的付出是无私的，有时家长会将自己的困难和需要隐藏起来，只为给宝宝一个无忧的生活环境。父母可以适当让宝宝知道自己工作有多么辛苦，年迈的长辈照顾宝宝有多么不容易，让宝宝知道家长付出了很多，才会心存感激，体会家长的不容易，逐渐变得懂事起来。

其次，与宝宝互换身份。有时宝宝不听话，家长讲理他们又不听，面对这种情况，家长可以在宝宝冷静后采取互换身份的方法，让他们站在别人的角度去思考。比如，让宝宝扮演父母，在着急上班或者有什么事情需要离开时，"宝宝"拉着"父母"不让他们走。这样，宝宝能从游戏中知道自己的做法不对，学会体谅父母及他人。

再次，创造与同伴交往的机会，让宝宝体会只顾自己的后果。以自我为中心是这个年龄段宝宝的普遍特征，家长可以创造机会让这些宝宝们多多相处。通过同伴交往，宝宝会明白不是所有人都会像家长一样什么事都顺着自己，如果自己一直闹别扭、任性，就会遭到同伴的冷落。若宝宝意识到这一点，其以自我为中心的行为自然会有所改变。

最后，和老师相互配合，坚持一致的教育。有的宝宝在幼儿园表现较好，一回到家里就变成另一个样子。家长要认识到，帮助宝宝克服以自我为中心倾向并非一朝一夕的事，平时要注意和老师配合，坚持一致的教育，逐步帮助宝宝克服以自我为中心倾向。

100　"望子成龙、望女成凤"合理吗？

Q：小美老师，"望子成龙、望女成凤"合理吗？

A："望子成龙、望女成凤"是天下家长的心愿。尤其是在当今这个发展迅速、竞争激烈的时代，家长都希望宝宝出类拔萃，以高学历、高能力立足于将来的社会。为了宝宝的未来着想，家长对宝宝有一定的期待本是理所当然的。合理、适当的期待可以激发宝宝的动力，激励他们通过努力去获得成功。然而，许多研究都证明，家长对宝宝的期待过高容易给宝宝带来一定的压力和负担。同时，对宝宝期待过高的负面影响也不容忽视。过高的期待容易给宝宝带来种种心理上的困扰，比如，由于无法满足家长的愿望，产生焦虑不安、内疚自责的心理；由于力所不及，导致自信心的丧失和学习动力的降低；由于对家长的过高期望感到不满，宝宝出现对抗和逆反的心理，影响亲子关系等。

101 夫妻吵架对宝宝的影响有哪些？

Q：小美老师，前天我跟老公吵架被宝宝看到了，会不会对他有影响啊？具体表现在哪些方面？

A：宝宝需要在融洽的家庭氛围中成长。充满关爱、温暖的家庭氛围能够潜移默化地影响宝宝，培养其自信、乐观、善良等优秀品质。许多父母认为宝宝小，不懂事，在双方发生冲突的时候，丝毫不避讳宝宝，常当着宝宝的面大吵大闹。其实，父母在宝宝面前吵架，对宝宝的危害极大，主要表现在以下几个方面：

第一，使宝宝产生消极情绪。6 岁以下的宝宝对父母充满了依恋，渴望得到父母的关心和疼爱。但父母吵架时，平日里温馨、亲切的氛围不见了，取而代之的是剑拔弩张的紧张气氛。这种反差容易使宝宝产生恐惧心理。特别是当父母吵得比较激烈的时候，容易忽略对宝宝的关注，宝宝的精神需求得不到满足，从而产生恐惧、焦虑、悲伤、无助等消极情绪。

第二，使宝宝形成自卑、暴躁的性格。父母常常当着宝宝的面吵架，容易使宝宝误以为父母吵架的原因与自己有关，产生"自己不够好"的想法，从而经常怀疑自己、否认自己，久而久之，容易形成自卑心理，甚至发生自残行为。另外，父母吵架时情绪失控，给宝宝树立了不好的榜样，导致宝宝遇到问题时常常变得非常暴躁。

第三，影响宝宝正常的人际交往。宝宝生活在充满冲突的家庭中，容易变得不合群，无法与同伴正常交往。遇到问题后，宝宝不是畏畏缩缩、胆小怕事，就是暴跳如雷、大打出手。这两种情况都妨碍他们与同伴建立信任关系，影响其正常的人际交往。

102 宝宝成长中缺少爸爸的陪伴有影响吗？

Q：小美老师，宝爸的陪伴在宝宝的成长中有哪些影响？我家宝爸经常出差不在家，宝宝成长中缺少了他的陪伴，这样是不是不好？

A：父亲对宝宝发展的作用不容小觑。父亲参与育儿，对宝宝的认知、人际交往、运动能力、个性品格和性别意识等都有着积极的促进作用。

第一，父亲参与育儿能促进宝宝的认知发展，主要表现在思维、智力、语言、数学逻辑、问题解决等方面。美国耶鲁大学科学家的一项长达 12 年的追踪研究表明：由男性带大的宝宝智商较高，他们在学校的成绩往往也更好。还有研究发现：缺少父亲陪伴的家庭，宝宝较少拿、抓、追东西，也较少玩新的玩具与物品。而父亲积极参与育儿的宝宝在语言技巧、数学逻辑、解决问题方面的能力更高。另外，父亲在陪宝宝玩耍时，常常会跳出游戏的传统玩法，采用非传统的方式与宝宝玩耍。例如：父亲会尝试用头来顶球，而不仅仅是用手和脚来玩球，这有助于培养宝宝的想象力和创造力。

第二，父亲参与育儿有助于宝宝人际交往能力的提升。由于男性比女性更理性，因此父亲在与宝宝的互动游戏中能够示范良好的情绪控制能力，有益于宝宝日后维持比较密切和长久的人际关系。此外，母亲在育儿中更容易焦虑，父亲的参与能够大大降低母亲的焦虑，从而减少宝宝的不良情绪和问题行为，促进其人际交往。

第三，父亲参与育儿能够增强宝宝的运动能力。父亲更愿意带宝宝进行运动，比如打球、跑步、游泳、登山等，这增加了宝宝的活动量，有助于宝宝的身体健康。此外，父亲与宝宝一起运动和游戏，更容易成为宝宝的玩伴，提升宝宝参与运动的积极性。

第四，父亲更多地参与育儿能够使宝宝在性别意识、性别角色、异性交往等方面更有优势。对于男孩而言，父亲树立的男性形象使他们更像个小男子汉；对于女孩而言，与父亲共处的经验也使她们长大后更懂得如何与异性交往。

因此，请父亲们尽可能走到宝宝身边，陪伴宝宝享受他们的童年时光。对于 2 ~ 6 岁的宝宝，父亲认识到陪伴和教育对宝宝的重要性后，抽出时间，就可以经常陪宝宝读书、游戏、运动、旅游等，并在陪伴中发挥创意和幽默感。

103 夫妻教育宝宝，一个唱红脸一个唱白脸，这样对吗？

Q: 小美老师，我老公想问：我们两个教育宝宝，一个唱红脸一个唱白脸，这样对吗？会产生哪些影响？

A: 2 ~ 6 岁是宝宝的习惯和规则形成的关键时期。家长教育不一致的做法会产生许多负面影响。

首先，宝宝会感到无所适从。如果家长对事物有不同的看法，宝宝会感到茫然，不知道该听谁的，最后结果可能是不了了之。宝宝学不到合理的规矩，也分不清对错，他们的内心充满了矛盾，今后遇到类似的事情也可能是非不分。

其次，宝宝会变得任性和不讲道理。在家长的教育方式出现矛盾的时候，宝宝往往趋利避害。他们常会倒向最有利于自己的那一方，利用"红脸"的亲切和顺从，有恃无恐，想方设法达到自己的目的。宝宝甚至还会和"红脸"结成"统一战线"，共同对抗"白脸"的要求，使得家长的家教、家规无法在宝宝身上实现。还有些宝宝会变得"阳奉阴违"，即他们因为怕受到家长的"经济控制"或担心受到责罚，表面上听从家长，而家长不在时，就肆无忌惮地按自己的想法做事。面对家长的不一致，一些聪明的宝宝可能学会了如何与家长周旋。对"白脸"的一方，表现出乖巧、言听计从；对"红脸"的一方，变得肆无忌惮，无所不为。在面对强大、蛮横的人时，唯唯诺诺、极力讨好；面对老实、怯懦的人时，狠狠欺负、肆意打骂。

最后，家长不一致的教育还会损害家长的权威。宝宝刚开始对于是非、对错、善恶、美丑等是没有概念的，需要家长的教育和引导以形成正确的观念。但是，如果家长的意见总是不一致，容易使宝宝对家长的权威性产生怀疑，从而不愿意听从家长的要求。

104 父母和老人的教育理念不一样怎么办？

Q：小美老师，请问爸爸妈妈和老人的教育理念不一样，该如何应对？

A：首先，我们建议，不要因为教育宝宝的问题而让我们对老人不敬不孝，因为这会让家庭关系产生新的问题。其次，我们和老人沟通的时候一定要注意方式，心平气和表达我们的观点，不要急躁。我们要尝试接受老人对待宝宝的方式，但同时，发挥出自己作为家长的角色力量，当父母的影响力更强的时候，宝宝自然知道怎么做。和谐的家庭伦理关系对宝宝的成长同样是一个非常必要的条件。

105 父母做错了要向宝宝道歉吗?

Q: 小美老师,父母做错了,要向宝宝道歉吗?

A: 向宝宝道歉也是爱宝宝的一种表现,能体现出家长对宝宝的尊重,以及平等对待宝宝的意识。正如卡耐基所说:"如果你是对的,就要试着温和地、巧妙地让对方同意你;如果你错了,就要迅速而真诚地承认。这比为自己争辩有效和有趣得多。"

106 宝宝犯错必须要受到惩罚吗?

Q: 小美老师,宝宝犯错应该如何应对?宝宝犯错后必须要受到惩罚吗?

A: 犯错误是宝宝成长中的必然现象。宝宝由于生活经验和社会阅历的不足,难免会出现各种各样的错误。面对宝宝犯错误,家长应该反问自己以下三个问题:

第一个问题:当宝宝犯错误时,我们希望宝宝从中学到什么?是学会诚实、负责,还是学会撒谎、逃避?

第二个问题:当宝宝犯错误时,我们希望给宝宝支持和信任,还是对宝宝进行打击和责备?

第三个问题:当宝宝犯错误时,家长究竟是希望宝宝为过去而受罚,还是为未来而成长?

相信许多家长都会做出正确的选择,那就不要用惩罚去对待一个犯错误的宝宝,而是要将错误作为教育宝宝成长的机会。

不过,不惩罚不代表对宝宝的错误置之不理或放任自流,而是要用其他的方法来代替惩罚。比如让宝宝自己承担结果。

107 带宝宝玩游戏是在浪费时间吗？

Q：带宝宝玩游戏是在浪费时间吗？我是不是应该教宝宝一些唐诗，认些字？

A：我国传统观念对宝宝的玩耍多持否定态度，比如"玩物丧志""业精于勤，荒于嬉""勤有功，戏无益"等都将玩耍视为浪费时间、不思进取，家长过多限制甚至反对宝宝玩耍。事实上，对于 6 岁以下的宝宝而言，游戏是最适合他们的活动，游戏的过程也是学习的过程。在玩耍的同时，宝宝也在学习很多东西，比如，认识事物、锻炼体能、学会与人交往、建立社会规范……

108 该不该事无巨细地干涉宝宝？

Q：该不该事无巨细地干涉宝宝的生活与学习？过度干涉有哪些危害？

A：家长都习惯性地认为自己的宝宝年纪小，不懂事，常说"这样太危险，不要这样做""这样不行，应该那样做"等，事无巨细地干涉宝宝的每一件事情。家长常以疼爱的名义，过度干涉宝宝的生活，把他们作为弱者对待，使宝宝缺少了独立思考、独立学习、独立做事和独立解决问题的机会，阻碍了宝宝的思维发展和行动能力的提高。

109 宝宝不愿与我分享幼儿园的事怎么办？

Q：我家宝宝上幼儿园了，可是我问他在幼儿园发生了什么，他都不愿意跟我分享，为什么呢？我应该怎么办？

A：我们不妨换位思考一下，宝宝不愿意讲的原因可能有两点。一是宝宝对有关的内容不感兴趣；二是宝宝可能不太理解家长的问题，也许成人的提问不够具体和清楚，宝宝感觉很难回答。根据这些原因，家长在与宝宝沟通时，应注意调整自己的问题和问法。

首先，引导宝宝分享他们感兴趣的事情。家长通常询问的都是成人感兴趣的问题，比如学习情况、饮食情况，这些话题宝宝未必感兴趣。家长不妨问问如下问题：今天你快乐吗？今天有什么有趣的事吗？你有什么作品吗？今天和小朋友玩得高兴吗？从这些问题中，家长可以了解宝宝的情绪、宝宝感兴趣的领域以及宝宝的同伴交往情况。如果家长从宝宝的视角出发问这些问题，相信他们也就更愿意分享幼儿园的故事。

其次，问题不能太难或太宽泛，应该具体、由浅入深地提问。比如，有的家长问宝宝，今天在幼儿园玩什么了？由于玩的内容比较多，宝宝可能会感到很难回答。家长不妨将问题变得更具体一些，比如，听老师说今天你们玩"娃娃家"了，你扮演了什么？都有哪些小朋友和你一起玩了这个游戏？……这样的问题不仅具体，而且层层深入，宝宝更容易回答。更为重要的是，在这样的提问中，家长跟着宝宝的思路走，逐步走进宝宝的世界，与他们的交流也会更为顺畅。

110 如何拒绝宝宝不合理的要求？

Q：小美老师，应该如何拒绝宝宝的不合理要求？

A：①不要有求必应。很多家长对宝宝过度溺爱，因此宝宝在物质或者精神上想要什么，家长都会一一满足。虽然这对家长来说并不会造成严重的经济负担或者精神负担，但是经常无条件满足宝宝的要求，会让他养成不良的消费观，从而助长了宝宝的贪念习性。

②不要马上拒绝。面对宝宝无理要求，家长不要马上拒绝，而是要告诉宝宝为什么不能买，告诉宝宝买东西要注重物品的价值性，而不能任性地看到什么就想要得到什么，这种思想对健康成长是不利的。

③不要批评指责。宝宝有无理的要求是很正常的，家长要正确地引导教育，而不是只顾着对宝宝进行批评指责，这样宝宝并不明白家长的用心，反而会误解为家长不疼爱自己。

④不要不理不睬。面对宝宝的无理要求，家长不要对宝宝不理不睬，这样会让宝宝的内心感觉很失落，而且会对家长的这种冷漠态度感到很生气。

⑤要坚守原则，拒绝宝宝的无理要求。家长要坚守原则，不要一下子拒绝宝宝，一下子又对宝宝有求必应，这种强烈反差的教育方式对宝宝是一种伤害。

Q：小美老师，对宝宝讲道理有用吗？

A：很多家长都喜欢给宝宝讲道理。家长苦口婆心地把自己的一番好意告诉宝宝，希望宝宝遵从自己的意愿。但是，细心的家长会发现，讲道理并非一种有效的方法，不仅效果甚微，还直接影响宝宝与家长之间的亲子关系。法国教育家卢梭曾经说过，三种对宝宝不但无益反而有害的教育方法是：讲道理、发脾气、刻意感动。讲道理为什么收效甚微，特别是对于 2 ~ 6 岁的宝宝来说效果更差？讲道理无效的原因在于，家长将成人的想法强加在宝宝身上，而未考虑宝宝自身的想法和需求。家长给宝宝讲道理的潜台词就是，这个道理你不懂，只有我懂；这个事情你做得不对，我说得才对。家长把自己摆在更高的位置上，强迫宝宝必须顺从自己。在讲道理的过程中，宝宝自身的想法和需求并未得到应有的尊重。比如，宝宝喜欢到外面玩，而家长则要求他安安静静地读书，还一遍遍地给宝宝讲读书的好处。事实上，对于 6 岁前的宝宝而言，他们最喜欢的事情就是玩，坐下来安安静静地看书对他们来说并非一件容易的事情。家长如果一味地强调自己的要求，而不考虑宝宝的特点和需求，很容易让他们从感情上产生不被尊重的感觉，也容易导致逆反行为。

Q：小美老师，表扬并没有效果是什么原因？应该如何表扬宝宝才能得到效果？

A：表扬的积极作用是显而易见的，能够激发宝宝的积极性，培养宝宝的自信心和成就感。特别是对于宝宝而言，由于没有建立起稳定的自我评价系统，宝宝对自己的认识依赖于别人的评价，尤其是父母、老师等重要的人。比如，听到父母夸自己勤快，宝宝就会认为自己很勤快。然而，在教育宝宝的过程中，表扬也有失效的时候，使得家长对表扬产生了怀疑、担忧。尽管如此，表扬仍然不失为一种好的教育方法，只要正确地认识并加以利用，仍然可以使表扬发挥积极的效果。表扬失效与不恰当地运用表扬有关，在育儿过程中，不恰当使用表扬主要有以下几种情况：第一，表扬过泛，不够具体和缺乏针对性；第二，表扬过度，超过宝宝的实际水平；第三，表扬过滥，使宝宝经不起批评和挫折，损害其做事的主动性；第四，表扬带有附加条件或是更高的期望，给宝宝带来压力和负担。由于表扬不当会对宝宝产生负面影响，所以表扬宝宝时要注意以下几个方面：第一，表扬应该就事论事，表扬宝宝的具体行为；第二，表扬应该恰当，不可以太夸张，也不需要太刻意；第三，表扬应该及时，宝宝取得了成就后都会产生心理期待，希望得到家长的表扬；第四，表扬宝宝做事积极和努力的程度，而不要表扬其天生的东西。

(113) 4 岁宝宝喜欢跟着家长做事但总帮倒忙怎么办？

Q：小美老师，我女儿豆豆今年 4 岁了，她很喜欢跟在家长后面做事，积极性很高。她为什么那么喜欢帮忙呢？她越帮越忙，我们家长该如何应对？

A：3 ~ 6 岁的宝宝正处于自我意识快速发展的阶段，他们渴望通过帮助别人得到肯定，来获得成就感。并且，这一阶段的宝宝也在逐渐形成自我评价，他们不仅通过别人的评价来获得自我评价，同时也通过尝试和动手来确定自己的能力，从而强化内在的自我，获得对自己的认识。因此，他们总是积极地想要帮忙。但是，由于其身体发育不够成熟，很多精细动作还在发展中，控制能力和协调能力不佳，所以常常出现帮倒忙的现象。

并且，宝宝把帮忙当成了一场游戏。在宝宝的世界里，生活即游戏，游戏即生活，因此，做家务对宝宝来说也是一种游戏。揉面团变成捏橡皮泥，洗菜变成玩水，擦地板变成画画等，这些在爱帮倒忙的宝宝身上经常出现，家长有时也感到抓狂。但是，宝宝并非故意添乱，他们的自控能力和注意力都是有限的，可能帮着帮着，注意力就转移了，从做家务变成了游戏，从帮忙变成了帮倒忙。

家长不能因为宝宝总帮倒忙而打击其积极性或不让他们帮忙，可以适当采取一些措施让宝宝从帮倒忙慢慢转变成父母的小帮手。

114　5 岁宝宝有必要做家务吗？

Q: 老师您好，我家依依已经 5 岁了，之前什么家务活儿都没做过，现在是不是有必要让她做家务啦？

A: 宝宝不做或很少做家务与家长有着直接关系。许多家长以"宝宝年龄小""宝宝的主要任务是学习"等为由反对宝宝做家务，认为宝宝"长大了，自然就会做家务了""宝宝只要学习好就行了，做家务耽误学习"，忽视了做家务对宝宝的积极作用。我国教育家陈鹤琴先生曾说过："凡是宝宝自己能做的事，让他自己去做。"苏联教育家苏霍姆林斯基认为："不要把宝宝保护起来而不让他们劳动，也不要怕宝宝的双手会磨出硬茧。要让宝宝知道，面包来之不易。这种劳动对宝宝来说是真正的欢乐。通过劳动，不仅可以认识世界，而且可以更好地了解自己。"的确，让宝宝适当做家务是有益的。更重要的是，宝宝作为家庭的一员，有权利参与家庭的各项活动。

115　宝宝多大可以进行性教育？

Q: 宝宝多大可以接受性教育？在性教育方面我们做父母的应该怎么做好引导呢？

A: 谈到对宝宝的性教育，的确是宜早不宜迟。其实宝宝在经过口欲期，进入肛欲期后，就有了性别意识，能够区分男孩与女孩，这个时期就可以给宝宝一些基本的引导，男生怎样上厕所，女生怎么上厕所，哪些游戏适合男生玩，哪些适合女生，等等。

很多人会认为，让儿童接触性教育，会把宝宝带坏的，其实，早早地让儿童接受性教育，才不会让他们对性好奇，也不至于出现这么多的性侵事件。儿童性教育可以从 5 个阶段进行科学系统的学习。

0 ~ 3 岁儿童口欲期、肛欲期，是以感知运动为主，这时所进行的性教育就是要让儿童知道，男孩与女孩的区别，让儿童能初步地了解异性。

3 ~ 5 岁是性蕾期，此时是以孕育性意识为主，这期间要教育儿童学会保护隐私，让儿童知道生殖器官的重要性，必须要学会好好地保护它。

6～8岁是潜伏期，也正是儿童恋父以及恋母的阶段，此时需要培养儿童独立的性格，与儿童分房睡，密切地观察儿童身体发育的情况，这个时候可能会出现性早熟的情况。

日常护理篇

1 母乳不够需要给宝宝加奶粉吗?

Q: 小美老师,这两天我母乳好像不够了,他每次都吃不饱的样子,用加奶粉吗?

A: 先别着急加奶粉,现在宝宝除了经常要奶吃,睡眠怎么样? 精神状态怎么样?

Q: 晚上会闹,哼唧,不给吃奶就叫,逼急了就哭,每次他吃完后,过不了多久就又要吃,感觉他这两天状态不好,特别烦躁,家人埋怨我说是宝宝吃不饱。

A: 这一周的体重关注过吗? 长了多少?

Q: 这一周没测量,从 2 个月到现在长了 2 斤多。

A: 有可能是猛长期,宝宝 3 个月了,而这个月龄的宝宝都会出现这些情况,猛长期期间宝宝奶量会突然增加,睡眠需求增加,但是又由于生长速度快,宝宝会显得比平时更烦躁。宝宝几乎不停歇地想吃奶,夜醒次数增多,吃奶时偶尔还会出现拉扯乳头的烦躁状态,
猛长期多出现在出生后 2 ~ 3 周,4 ~ 5 周,3、4、6、9 个月时期,持续 3 ~ 5 天,有的宝宝突然出现后两三天就恢复正常。这个期间宝宝愿意吃多久就吃多久,愿意什么时候吃就什么时候吃,在宝宝烦躁时多安抚,及时响应宝宝需求。猛长期过后宝宝睡觉增多,吃奶也会平静下来,恢复平时状态。

2 4 个月宝宝一直吐奶怎么办?

Q: 小美老师,我家宝宝 4 个月了,一直吐奶,也给宝宝拍嗝了,可还是吐奶,为什么会这样呢? 怎么做才能改善?

A: 您好宝妈,只要宝宝体重、身高增长正常,吃奶和睡觉正常,可以放宽心,宝宝小,消化系统还不完善,有时候伸个懒腰、动腿也会吐奶,这都是正常的,属于生理性吐奶,6 个月以后这种情况就会逐渐减少了,平时喂养不要强迫宝宝吃奶，一次也不要吃得太多。尽量让宝宝保持愉快、平静的状态吃奶，喂奶后拍嗝，可以竖抱、托抱一会儿，如果宝宝睡了，要保持右侧卧位，别等宝宝饿得哭闹再喂奶，或者试试喂奶 5 分钟后，先给宝宝拍拍嗝再继续喂。

3 该如何正确给宝宝拍嗝？

Q：该如何正确给宝宝拍嗝？

A：可以采用大人站立，把宝宝的头枕在肩上，轻轻地拍击后背；还有一个方法更简单些，大人躺在床上，身体与地面大约呈 45 度，宝宝吃奶后趴在大人身上，头部高出肩部，以免造成窒息，大人可以轻拍或抚摸宝宝背部，一定要从下到上地拍嗝，5 分钟左右宝宝就会打嗝。

4 安抚奶嘴能不能使用？

Q：小美老师，安抚奶嘴能不能给宝宝使用？

A：您好，我们不能说安抚奶嘴就是好或坏，因为安抚奶嘴本身是没有问题的，主要看使用方法是否正确。儿科专家表示，小宝宝在 6 个月前，当宝宝胀气、饥饿、烦躁或者试图得到安慰和照顾的时候，需要安抚奶嘴的帮助。使用安抚奶嘴还可以养成用鼻子呼吸，帮助宝宝进入口腔期的作用。多数宝宝 6 个月后添加辅食了会自己戒掉，而且这个时候宝宝对外界事物也特别感兴趣，对奶嘴的需求就减少了。如果长久又频繁地吸食奶嘴确实对宝宝的牙齿、唇形发育有影响。

5 想给宝宝买一个保温杯怎样选？

Q: 小美老师，我想给宝宝买一个保温杯，要如何选择呢？哪些牌子安全问题比较有保障？

A: 建议您一定要选择大品牌、质量有保证的保温杯。目前比较推荐的有三种：膳魔师、象印、虎牌。

6 刚出生的宝宝眼睛总是有黄色的分泌物是怎么回事？

Q: 小美老师，刚出生的宝宝眼睛总是有黄色的分泌物，是什么原因呢？需要怎么清理？

A: 宝宝眼部有过量的分泌物一定要去医院让医生查找原因，如果是炎症引起眼部分泌物增多需遵医嘱治疗，除此以外我们还要做好眼部的护理，可以用无菌棉球蘸生理盐水来擦洗眼睛，保持眼部的清洁干净。

7 刚出生的宝宝眼睛里有血点和血丝会影响视力吗？

Q: 小美老师，刚出生的宝宝眼睛里有血点和血丝正常吗，会不会影响宝宝的视力？

A: 宝宝出生的时候由于产道压力过大会导致眼睛毛细血管的破裂而引起眼部有血丝或血点的出现，是不影响宝宝视力的，基本 2 ~ 3 个月吸收以后就没有了。

8 新生儿夜间睡眠时可不可以打开夜灯？

Q: 小美老师，新生儿夜间睡眠时可不可以打开夜灯？会导致宝宝昼夜不分吗？

A: 为了便于夜里给新生儿喂奶、换尿布，许多妈妈会在房间内通宵点灯，这样做对宝宝的健康成长不利。

英国一家医院的新生儿医疗研究小组报道，昼夜不分地经常处于明亮光照环境中的新生儿，往往会出现睡眠和喂养方面的问题。研究人员将40名新生儿分成两组，分别放在夜间熄灯和不熄灯的宝宝室里进行观察，时间均为10天。结果前者睡眠时间较长，喂奶所需时间较短，体重增长较快。有关专家认为，新生儿体内的自发的内源性昼夜变化节律会受光照、噪声及物理因素的影响，在这种情况下，昼夜有别的环境对他们的生长发育较为有利。

⑨ 新生儿选择什么样的床比较好？

Q：小美老师，新生儿选择什么样的床比较好呢？

A：新生儿除了吃奶，大部分的时间是在睡觉，所以宝宝床成了宝宝必不可少的用品之一。给新生儿选择宝宝床时应注意：新生儿的生长发育比较快，骨骼比较软，如果选择较软的床会影响宝宝脊柱的发育，所以建议可以选择木板床、竹床或棕垫床等有一定硬度的床。

⑩ 2个月宝宝睡眠不足怎么调整？

Q：小美老师，宝宝2个月了，白天不睡觉或睡眠时间不足，怎么调整呢？

A：宝宝晚上睡觉怎么样啊？

Q：晚上还好，7点半就睡了，到晚上12点钟和凌晨3点钟各喂一次奶。就是白天不睡觉，精力超级旺盛，上午会一直玩，下午会从1点钟睡到3点钟，然后就不睡了。42天的时候问过医生，医生说观察一下，别的都没说。

A：医生说让观察一下，并没有说别的，也就是说宝宝的其他情况发育都很好，只是精力旺盛，小睡就可以补充能量，您别担心。很多书上都会有宝宝的睡眠时间建议，还有一些吃奶量的建议，其实每个宝宝是不一样的，只要宝宝的状态正常，生长发育正常，就不用担心，完全不用和其他宝宝做比较。另外，宝宝的作息跟妈妈孕期的睡眠时间也是有关系的，如果妈妈孕期白天不睡，宝宝也容易白天不睡。

11 4 个月宝宝睡觉打呼噜是怎么回事?

Q: 小美老师,我家宝宝 4 个月了,怎么睡觉时开始打呼噜了?

A: 宝宝打呼噜大部分是由于咽软骨软化的原因,只要没有频繁地呛奶,或者呼吸困难,一般 6 ~ 12 个月就会消失了。

12 6 个月宝宝入睡时间长怎么办?

Q: 小美老师,宝宝 6 个月了,晚上躺在床上自己睡需要好长时间,抱起来哄又怕养成习惯,有什么方法改善吗?

A: 妈妈应该坚持就寝程序,在宝宝醒着的时候把宝宝放到床上,关灯,不要逗宝宝玩,可以循环播放一首舒缓的轻音乐作为睡眠音乐,睡觉前一个小时就要做好睡觉准备,不要让宝宝太兴奋或太累。通过这样的方法逐步培养宝宝独立入睡的习惯。宝宝现在可以自己独立入睡已经很棒了,虽然时间有点长,但是不要担心,只要我们这样坚持去做,宝宝入睡需要的时间会逐渐减少的。

13 8 个月宝宝睡觉翻来覆去是怎么回事?

Q: 小美老师,宝宝睡觉翻来覆去是怎么回事?

A: 宝宝多大了?

Q: 8 个月了,睡觉总是翻来覆去的,根本没办法盖被子,有时候还会醒、哼唧。

A: 您别担心,其实人类睡眠有快速动眼睡眠和非快速动眼睡眠两种基本形式。两种睡眠形态多次交替进行,宝宝

睡眠也遵循这个规律，不过，宝宝的快速动眼睡眠比成人要多。当宝宝翻来覆去时是处于快速动眼阶段，就是我们平时说的浅睡眠阶段，这时您先静下心来听一听、看一看，然后轻轻地把手放在他身上，如果他还是安静不下来，您可以轻轻地抚摸或拍拍他。另外也需要检查一下是不是被子太厚、衣服穿得太多导致出汗了，注意睡前别吃太多，白天要适当增加运动，当然睡前也不能玩太夸张、刺激的游戏。

14 1岁宝宝睡眠习惯不好怎么办？

Q 小美老师，我家嘟嘟1岁了，一直没有养成好的睡眠习惯，每天玩到晚上11点，早上9点才醒，您说像这种情况我们要怎么做比较好？

A：您好，睡眠充足对于宝宝的生长发育是很关键的，因为在睡眠过程中，内分泌系统释放的生长激素比平时多3倍。不过，宝宝的睡眠质量也很重要，睡眠时间不同，深睡眠和浅睡眠所占的比例就会发生变化。入睡越晚，浅睡眠越多。生长激素主要还是在深睡眠状态下分泌的，所以，尽量保证在21点前入睡。由于宝宝一直是23点睡，如果突然让宝宝21点前入睡是不可能的，宝宝也需要适应的过程，请家人多点耐心，我们一点点帮助宝宝调整，最开始我们把睡眠的时间调整在22：00到22：50，提前放好睡前音乐，关灯，家里其他人都回到各自的房间，并告诉宝宝，我们大家都到了入睡的时间了，互相问候晚安，尽量保持安静。坚持5～7天，再把睡眠的时间提前到21：30到22：00之间，这样逐渐地调整，宝宝也能更好地接受。另外，睡前不要给宝宝吃太多，不要做剧烈的互动游戏，尽量保持安静，做一点安静的游戏，如看故事书、搭积木等，另外，每天要适当增加运动量，并且中午觉不能睡得过晚、过长，会影响宝宝晚上睡眠时间。再好的方法也需要坚持，所以当遇到困难时，不要放弃，多点耐心，多给宝宝正能量的暗示，如"我知道你困了，你会马上入睡"，不要因为入睡晚而数落宝宝，宝宝焦虑也会影响宝宝的睡眠。

15 宝宝多大开始需要枕枕头？

Q：小美老师，现在宝宝 4 个月了，需要枕枕头吗？

A：您好，宝宝还小，不建议给宝宝用枕头。给宝宝开始枕枕头的时机，不是以年龄为标准，应以发育为依据。在宝宝会独立坐（出生后 6 ~ 9 个月）之前，颈椎平直，如果枕枕头反而会造成气道弯曲，引起呼吸不畅。

16 宝宝睡眠比同龄宝宝少怎么办？

Q：小美老师，我家宝宝 3 个月，同龄的宝宝都可以睡 16 个小时，可是我家宝宝比人家少睡几个小时，这正常吗？怎么办呢？

A：您好，虽然每个年龄段的宝宝都有他特定的睡眠需求量，但是宝宝之间也存在个体差异，比如宝宝的气质类型就决定宝宝的睡眠时间会不一样，原则上，宝宝精神状态好、食欲正常、没有消化方面的问题、体重增长良好就可以。但是如果偏离得太多的话，可能需要咨询一下医生，进行生长发育方面的检测。

17 宝宝午睡时间过长或过短怎么办？

Q：小美老师，宝宝午睡时间太短或太长怎么调整呢？

A：午睡一般会持续到宝宝 3 岁，可分为浅睡和深睡两个阶段。宝宝刚躺在床上时还没有真正入睡，处于浅睡阶段，80 ~ 100 分钟后，即进入深睡阶段。午睡时间太短或太长，对宝宝都是不好的。

如果宝宝的午睡时间太短，或者没时间午睡，那么他接下来半天的精力都会受到影响，导致无精打采、昏昏欲睡，影响正常的生活；如果午睡时间太长，则会让宝宝出现头昏脑涨、神经紊乱等问题，还会影响晚上的正常睡眠，导致夜间睡眠时间减少，睡眠质量下降，影响身体和心智发展。可见，保持合适的午睡时间至关重要。

一般来说，1 岁以下的宝宝午睡时间最好控制在 2.5 小时左右，1 ~ 3 岁的宝宝午睡时间最好在 2 小时左右。如果宝宝午睡时间过短，就让他一直坚持到下一次睡眠时间，同时晚上睡觉的时间也要相应提前；如果宝宝午睡时间过长，家长就要看准时间，及时叫醒宝宝。

18 宝宝睡觉时间太晚怎么办？

Q：小美老师，宝宝晚上容易兴奋，总是睡得很晚，怎么给他改正呢？

A：宝宝睡得晚，激素分泌不够，势必会影响其正常的生长发育。新生儿在出生 6 周后，由生物钟设定的上床睡觉时间会相对提前。如果爸爸妈妈不能顺应这一规律，让宝宝早点儿上床睡觉，宝宝就会表现出过度疲倦的状态。因此，家长要适应宝宝的睡眠规律，尽量使宝宝夜间睡觉的时间不要过晚。例如，调整自己的生物钟，尽量和宝宝一起入睡，如果因为工作或其他事情，无法提前自己的入睡时间，可以找其他家人或保姆帮忙照顾和哄睡宝宝。如果以上条件都无法满足，宝宝上床睡觉的时间不得不推迟的话，那么在上床之后，应尽可能早点儿将宝宝哄睡，让宝宝尽量拥有充足的睡眠。

19 宝宝哄睡后容易醒怎么办?

Q: 小美老师, 宝宝好不容易睡着, 怎么半小时又醒了?

A: 是晚上还是白天这样呢?

Q: 是白天。

A: 您好, 有时候妈妈可能会发现, 好不容易把宝宝哄睡着, 结果半小时又醒了, 妈妈都很焦虑。这种情况多发生在宝宝白天小睡时。由于睡眠周期和环境等问题, 常会有半小时左右睡醒的表现, 这是正常的。此时妈妈应保证宝宝安静的睡眠环境, 在相对固定的时间哄睡等。这样下来, 相信宝宝的整体睡眠会逐渐改善。

20 宝宝很困却不睡觉是怎么回事?

Q: 小美老师, 我家宝宝明显已经很困了, 可就是不睡觉, 是怎么回事? 怎么帮助他呢?

A: 当宝宝不肯睡觉时, 我们不妨提前跟宝宝做好约定。比如, 和宝宝说: "我们今天要讲两个故事, 喝一杯水, 然后去一趟厕所, 拥抱两次, 亲两下, 最后就说晚安睡觉了。"形成一套常规的程序, 然后坚持下去。如果宝宝提出了更多的要求, 父母可以简  单地重复上面那段话, 并坚定地拒绝宝宝额外的要求, 久而久之, 宝宝就会形成固定的睡觉意识, 按时睡觉了。如果妈妈百般相哄, 宝宝依然不肯入睡的话, 千万不要过于急躁, 言语行动要更加心平气和, 不要随意对宝宝发脾气, 你可以轻声和他说话, 抚摸他的背部, 为他轻捏脚底和脚趾等, 告诉他这是睡觉时间, 最后宝宝会逐渐安静下来, 安然入睡。

21 宝宝睡觉经常蹬被子怎么办？

Q：小美老师，宝宝睡觉经常蹬被子，怎么回事呢？应该怎么处理？

A：其实宝宝蹬被是有原因的，如被子太厚，宝宝热；睡眠环境不舒服；有尿了；身体不舒服；等等。我们需要找到原因并调整。同时也可以采用一些外在方法，像防蹬被神器睡袋，我们可以选择一个安全的、尺寸正好、微薄的睡袋，天气凉了还可以加盖薄被子或毯子，同样可以起到防蹬被子的效果。不建议买太厚的，太厚的会增加宝宝身体负担，也不建议买太大的，宝宝容易钻进睡袋里影响呼吸而增加危险，一般情况，穿上睡袋，脚部留出 20 厘米左右的空间比较合适。

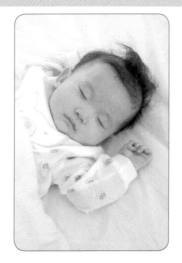

22 为什么宝宝学会翻身后夜里就睡不好了？

Q：小美老师，为什么宝宝学会翻身后夜里就睡不踏实了？

A：宝宝在学爬、学坐、学站期都会干扰到睡眠，翻身属于大运动发展期和大脑发育跳跃期，面临大量的学习和记忆工作，而快速动眼睡眠具有存储、整理白天记忆的功能，所以在此期间睡眠也会受到相应的影响。如果宝宝出现因为翻身而导致睡不好的问题，妈妈要在白天给足宝宝时间练习，等他慢慢熟悉这一动作以后，运动刺激会相应减少，晚上就可以安心睡觉了。

23 **宝宝入睡后抽动怎么办？**

Q：小美老师，发现宝宝入睡后抽动，要不要去医院看看？

A：您好，宝宝几个月了？

Q：宝宝现在 3 个多月，我担心宝宝是不是缺钙？

A：您好，宝宝大脑发育尚不完善，睡眠时大脑中控制肌肉运动的部分仍然较为活跃，从而会产生间歇性的抽动。最初的 3 ~ 6 个月可采用褥褓、按压等方式缓解抽动对睡眠的影响，一般这个现象会随着成长自愈，不需要去医院。此外，有研究认为，缺乏维生素 D，导致血钙水平低的宝宝，也容易出现入睡后抽动。如果宝宝入睡后抽动过于频繁，可以带他去医院检查。

24 **宝宝睡觉时有时会出现呼噜呼噜的声音是怎么回事？**

Q：小美老师，宝宝睡觉时有时会出现呼噜呼噜的声音，医生说是喉喘鸣，这是怎么回事呢？

A：新生儿因气道管径小、狭窄而呼吸受阻，再加上支持气道的软骨又发育不良使其容易发生扭曲和萎缩，因此新生儿气道比其他年龄组宝宝更容易发生生理性狭窄。由于其解剖特点及喉组织软弱，新生儿在吸气或呼气时都可发出喉鸣，医学上称为"喉喘鸣"。喉组织的软弱可能因为妊娠期妈妈营养不良、供应胎儿的钙或其他电解质缺少或不平衡而产生。如无明显的呼吸困难及缺氧，不需特殊治疗。喉喘鸣症状常在 6 ~ 18 个月自行消失。

25 **宝宝睡觉时经常会翻白眼是怎么回事？**

Q：小美老师，宝宝睡觉时经常会翻白眼是怎么回事？

A：您好，宝宝的睡眠和大人一样，分为深睡眠和浅睡眠，浅睡眠的时间甚至比深睡眠的时间还多。翻白眼的情况就是宝宝处于浅睡眠状态时所做的，此外，还会有来回翻动、扭动、发出声音等表现，这些都是正常的现象。

另外，当宝宝在夜间睡觉时，屋子里没有灯光，人的眼睛处在没有完全闭合的状态，久而久之，也会形成睡觉时翻白眼的情况。

26 宝宝睡觉时为什么喜欢抱着玩具睡？

Q：小美老师，宝宝睡觉时为什么喜欢抱着玩具睡？是宝宝有什么心理问题吗？

A：您好，宝宝抱玩具睡觉是很正常的表现，很多宝宝都会有这样的睡眠习惯，那就是在睡觉的时候喜欢抱着一个玩具，当我们把这个玩具拿走的时候，宝宝就会睡不着，甚至哭闹不止。宝宝的这种行为，实际上是对玩具的依赖，或者说，玩具不仅仅是宝宝的玩具，也是他们在睡觉时的慰藉物，对于宝宝的睡眠影响很大。宝宝为什么会对玩具这么依赖呢？究其原因，就是宝宝在睡觉的时候会产生不安的因素，他们通过抱着玩具的形式，给自己一个心理上的安慰，所以，这种  行为和宝宝内心缺乏安全感有关系。抱玩具一般是稍微大一点的宝宝，比如 1 岁或者 1 岁半以后的宝宝，如果爸爸妈妈发现自己的宝宝晚上睡觉不踏实、入睡困难，可以给他一个玩具抱着，这个玩具只要质量合格，不掉毛，对宝宝的身体无害，就可以给他放心地使用。另外，家长要记得经常给宝宝的贴身玩具清洗、消毒，最好放在太阳下晾晒、杀菌，以保持卫生的睡眠环境。否则，藏在细密柔软线毛里的尘土和有害细菌极易通过与人体的接触而传播疾病，损害宝宝的健康。

27 生了二宝后怎么让大宝自己睡小床又不会伤到大宝的心？

Q：小美老师，家里第二个宝宝出生了，怎么让大宝自己睡小床又不伤大宝的心呢？

A：建议宝宝出生以后，坚持同室不同床的原则，让宝宝睡自己的宝宝床，但和妈妈在一个房间内。因此，当家里有第二个宝宝出生时，爸爸妈妈要兼顾两个宝宝的作息时间，处理好宝宝的睡眠问题。

如果两个宝宝年龄相差不大，就需要另购置一张宝宝床，并合理摆放。如果大宝3岁以后二宝才出生，那么此时可以考虑给大宝换大床，把宝宝床让给二宝。不过，给大宝换大床睡产生了新的变化，一个习惯的养成毕竟需要一定的时间。因此，在这期间，爸爸妈妈要多花时间陪伴和安抚大宝，给大宝一个心理适应的过程，并找好时机告诉他："你已经长大了，可以睡大床了。"让他自豪地把自己的床留给弟弟或妹妹，不会有被取代的感觉，这对于培养良好的家庭关系和亲子感情也是很重要的。

28 宝宝搬新家后总睡不好怎么回事？

Q：小美老师，宝宝准备上幼儿园了，所以我们搬了新家，宝宝怎么总睡不好？怎么办呢？

A：搬家会不可避免地改变宝宝原本已经适应的睡眠环境，一些挑床的宝宝可能会在新环境中睡不着。其实，由于搬家而产生焦虑或恐惧，影响睡眠，对宝宝来说是正常的，家长不需要过度担心。此时，我们的主要目标是尽可能保持宝宝睡眠习惯的规律性和延续性。如果宝宝的年龄在1岁以下，要马上重新建立搬家前行之有效的上床时间表和睡眠模式。如果宝宝比较大了，就要慢慢来，因为此时宝宝对新事物的恐惧和好奇，对变化的不确定等因素，都可能引起他诸如拒绝小睡、晚上难以入睡、夜间频繁醒来等睡眠问题。可以通过延长对宝宝夜间的安抚时间，例如打开夜灯、把卧室门打开等方式，让宝宝镇定和放松。宝宝慢慢地就会回归以前健康的睡眠习惯。

29 宝宝出生 3 个小时了还没有尿正常吗？

Q：小美老师，宝宝出生 3 个小时了还没有尿正常吗？

A：每个宝宝情况不一样，大多数宝宝在出生 12 小时内都会排尿，如果宝宝超过 24 小时仍未排尿应及时查找原因。

30 刚出生的宝宝一般多久能排干净胎便呢？

Q：小美老师，刚出生的宝宝一般多久才能排干净胎便呢？

A：一般宝宝 3 ~ 4 天胎便就能排干净，建议勤喂奶促进胎便的排出，如果胎便排出延迟会加重宝宝黄疸的程度。

31 新生儿总是崩屎是什么原因？

Q：小美老师，新生儿总是崩屎是什么原因？怎么改善呢？

A：新生儿出现崩屎大多与其身体消化不良有关，严重的新生儿甚至还会有拉肚子的情况出现。由于新生儿的消化功能本身就没有发育好，所以他们的消化能力比较差，经常出现消化不良的问题。在新生儿出现了崩屎之后，可以遵医嘱给他们喂点儿益生菌等来帮助调整消化功能，提高消化能力。

32 宝宝外出时要小便怎么办呢？

Q：小美老师，宝宝外出时突然要小便，但附近没有卫生间怎么办呢？

A：好多家长带宝宝外出的时候都会有点小紧张，万一宝宝尿急又找不到厕所怎么办？其实早就有产品可以解决这个问题，网购便携尿壶，不但实用外形还相当可爱。

33 什么时候可以训练宝宝用便盆排便呢？

Q：小美老师，什么时候可以训练宝宝用便盆排便呢？

A：9个月的宝宝已经能单独稳坐，因此从9个月开始，可根据宝宝大便的习惯，训练他定时坐便盆大便。大人应在旁边扶持，并发出"嗯、嗯"等声音，帮助宝宝排便。便盆周围要注意清洁，每次必须洗净；冬天注意便盆不宜太凉，以免刺激宝宝，抑制大小便排出；也不要把便盆放在黑暗偏僻的角落里，以免宝宝害怕不安而拒绝坐便盆。此外，要注意别给宝宝养成在便盆上喂食和玩耍的不良习惯。

34 刚出生的宝宝头部有个血肿怎么护理？

Q：小美老师，刚出生的宝宝头部有个血肿，在护理的时候我们要注意什么呢？

A：在护理头部有血肿的宝宝的时候，第一，我们要注意宝宝的精神状态、吃奶及睡眠情况，还要注意血肿有无变化，如有异常应及时去医院就医。第二，在平时日常护理时注意避免按摩、揉搓血肿部位，以免加重血肿情况。

35 刚出生的宝宝呼吸特别快正常吗？

Q：小美老师，我家宝宝刚出生，呼吸特别快这正常吗？

A：刚出生的宝宝呼吸系统还没发育成熟，以腹部呼吸为主，呼吸浅快，一般每分钟40～60次，平均40～45次/分。在给宝宝测量呼吸的时候注意要选在宝宝安静的时候，哭闹、吃奶都会影响宝宝呼吸，让宝宝呼吸加快。

Q: 小美老师,我家宝宝刚出生 15 天,在护理时应注意哪些方面?

A: 您好,宝宝是新生儿,护理时需要注意的
有清洁消毒、保暖、日常护理等。

①洗手:这是在护理新生儿时特别需要注
意的问题。我们的手常在不知不觉中会沾
满各种各样的细菌,当接触新生儿时如不
注意洗手,很容易将病菌带给他,对弱小
的宝宝会造成极大的威胁。因此在护理新
生儿前一定要用肥皂、流动水洗手。

②保暖:新生儿体温调节不稳定,要重视
保持适宜的环境温度。经常摸摸新生儿的手足,以掌握体温的变化,及时
增减盖被、衣着,使新生儿体温保持在正常的范围内。

③皮肤保护:新生儿皮肤柔嫩,抵御能力弱。要每日洗澡,更换衣服,以
保持皮肤的清洁。尿布湿了应随时更换,使皮肤处于干燥状态。接触新生
儿皮肤的衣物、被褥要柔软,用毛巾为新生儿清洗时不能搓擦,避免引起
皮肤损伤。

④用品消毒:新生儿用具应个人专用。奶瓶、奶嘴用后要煮沸消毒。衣服、
尿布清洗后应该放在通风阳光处晒干。

⑤环境卫生:新生儿居室要温暖舒适,空气新鲜。每天要用湿润的拖布清
扫房间,以免尘土飞扬。

⑥预防感染:空气飞沫的传播是造成新生儿感染的重要途径。应尽量减少
亲戚、朋友的探望;不要面对新生儿咳嗽、谈笑或亲吻新生儿;患有感冒
或各种传染病的人更不要接触新生儿。

37 新生儿脐带护理需要注意什么？

Q：刚出生的宝宝，医生让注意脐带的护理，我们应该怎么做呢？

A：脐带未脱落时，要保持脐部干燥，勤换尿布，防止尿液甚至粪便浸渍污染脐部。不要给新生儿洗盆浴，擦洗下身时，不要浸湿脐带包布。如果脐带包布湿了，应马上更换，避免感染。要仔细检查脐部，若发现分泌物，可用消过毒的棉花棒蘸75%酒精擦拭脐根部消毒，擦时从脐根部中心呈螺旋形向四周擦拭。

脐带脱落后，局部会有潮湿或米汤样液体渗出，可用消毒棉花棒蘸75%酒精擦净或先用2%碘酒擦拭，再用75%酒精涂在脐根部及周围皮肤上。仍然要注意保持脐部清洁干燥，避免污染。

温馨提示

如果发现脐周红肿，脐部有脓性分泌物并伴有臭味时，应及时去医院就诊。

38 刚满月的宝宝可以竖抱吗？

Q：小美老师，刚满月的宝宝可以竖抱吗？怎样的姿势抱比较好？

A：可以竖抱，但是宝宝现在还比较小，竖抱时间不要太长，同时在竖抱时妈妈需要帮助宝宝把头靠在大人的身上，这样宝宝头部的重量不会压迫到颈椎，而是落在了大人身上。

39 新生儿需不需要剪指甲？

Q：新生儿需不需要剪指甲？

A：一般新生儿不需要剪指甲，如果新生儿指甲很长并到处乱抓，甚至把自己脸抓破或指甲过长而撕裂时，就需要给宝宝剪指甲。剪刀容易剪伤宝宝指头，一般选用宝宝专用指甲钳，使用时要消毒。等宝宝熟睡后再剪指甲，以免宝宝乱动剪伤指头，剪时注意不要把指甲剪太多，和指头平齐即可，并要修剪得光滑平整。

40 剃满月头头发长得好，是真的吗？

Q：老家有风俗习惯，满月的时候要剃满月头，这样头发长得好，是这样吗？

A：这种说法是没有科学依据的。露出皮肤表面的毛发叫"毛干"，埋在皮肤里的叫"毛根"，毛干和毛根都是已经角化了的、没有生命活力的物质。唯独位于毛根下端、真皮深处的毛球，内含毛角质细胞，它才具有生长毛发的能力。所以，不管剃、刮、修剪，甚至拔除，去除的都只是已经角化了的、没有生命活力的那一部分毛发，根本影响不了头发的生长，宝宝剃满月头不可能改变头发的数量。而且宝宝头皮嫩，如果用未经消毒的剃刀剃发，容易刮伤皮肤，引起细菌感染，发炎化脓。农村中的小儿黄癣，俗称"癞痢头"，很大一部分是这样感染的。最好改剃为剪，不损伤皮肤，宝宝也就减少了患这种疾病的可能性。

41 给宝宝洗头的时候，水不小心进耳朵里了怎么办？

Q：小美老师，我给宝宝洗头的时候，不小心让水进了宝宝的耳朵里了，该怎么处理？

A：建议您在给宝宝洗头、洗脸时，首先，将宝宝耳朵返折，这样可以避免水进到耳朵里；其次，在操作过程中跟宝宝要有语言的交流，转移宝宝注意力；最后，洗脸时也可以选用宝宝浴帽防止水进耳朵。当水进耳朵后一定切记不要用棉签清理，以免损伤宝宝耳朵，建议选用棉球。

42 冬天多长时间给宝宝洗一次澡？

Q：小美老师，冬天天冷了，我们多长时间给宝宝洗一次澡合适？

A：宝宝皮肤娇嫩，皮脂分泌不足。如果经常给宝宝洗澡，尤其是冬天，很容易使皮肤因为过于干燥而起皮、脱皮。因此，冬天洗澡不要过于频繁，一周不超过 2 次即可。洗澡前要提前进行"暖准备"，将房间的空调或取暖设备打开。预先将干净的衣服、纸尿裤准备好。洗澡的物品放在手边，方便洗澡过程中随时取用。冬季给宝宝洗澡要速战速决，最好不超过 10 分钟，避免水温下降和长时间泡澡减少宝宝的皮肤油脂。洗完澡后，给宝宝喂点温水，补充水分，同时，对保持体温有帮助。

43 宝宝出牙后如何进行口腔清洁？

Q：小美老师，宝宝出牙后如何进行口腔清洁？

A：清除菌斑应从第一颗牙齿萌出开始，每次喂奶后，最好喂几口水以清洁口腔，每日至少用手指牙刷刷一次，或手指缠上湿润的纱布，轻轻按摩宝宝的牙龈组织，水平横向擦拭清洁乳牙，让宝宝习惯清洁口腔的感觉，为以后漱口、刷牙做准备。

44 宝宝经常用小手到处摸怎么办?

Q: 小美老师,宝宝会扶着东西站了,活动的地盘大了,经常用小手到处摸,稍不留意小手就黑乎乎,再不留神小手就伸入嘴巴,怎么办呢?

A: 塑料玩具最好天天清洗。布娃娃每周擦拭表面的灰尘、污垢,随后喷洒柠檬酸水,再自然晾干。木制品或橡胶制品平日用湿软布去污渍,自然风干。磨牙的玩具,可以用开水冲烫。低温只能使病菌休眠,不能去除。玩具的收纳箱也要定期清理。

45 给新生儿晒太阳的时候需要注意什么?

Q: 小美老师,给新生儿晒太阳的时候,我们需要做好哪些防护呢?

A: 首先,要注意保护宝宝的眼睛,注意遮盖;其次,选择适宜的时间,不要选择阳光太强烈的时间,一般夏天上午在 7 ~ 9 点或下午 5 ~ 6 点,冬天上午 10 点 ~ 下午 3 点;春秋季节时间选择在上午 8 ~ 10 点或下午 3 ~ 5 点;时间并不是绝对的,一定要根据当地的情况选择晒太阳的时间;时间不要太长,以 10 ~ 15 分钟为宜。最后,晒后注意补充水分,母乳喂养的可以补充母乳。

46 什么时间补钙会更有利于吸收?

Q: 小美老师,对于钙的吸收有时间限制吗?什么时间补钙最容易吸收?

A: 您好,晚上临睡觉前补充钙剂是最好的,一般来说,由于夜间血钙比较低,会刺激甲状旁腺分泌,使得骨骼中的钙更快分离到血液中,为了制止骨骼脱钙,此时补充钙剂或者吃含钙多的食品最好。

47 为什么 8 个月宝宝在站立的状态下腿总是弯曲？

Q：宝宝 8 个月了，站立时腿总是弯曲的，这是正常的吗？要不要就医？

A：您好，由于在子宫里的特殊姿势，新生儿出生后大多数都是"O"形腿。在学会走路的 6 个月内"O"形腿更为严重，都是正常现象，别担心，你可以在宝宝体检的时候让医生再检查一下，这样您也放心了。

48 戴尿不湿会造成罗圈腿，还会影响生育能力是真的吗？

Q：小美老师，网上说宝宝戴尿不湿会造成罗圈腿，还会影响生育能力，是真的吗？

A：您好，我们使用合格的尿不湿，不会造成罗圈腿，更不会影响生育能力。好的尿不湿对宝宝的健康绝对有好处，而且可以降低父母起夜的频率，夏天也可以用，完全没有问题。用质量好的尿不湿还可以降低红屁屁的概率哦。

49 捏宝宝鼻梁可以让鼻梁变高有科学依据吗？

Q：听说捏宝宝鼻梁可以让宝宝鼻梁变高，有科学依据吗？会造成哪些伤害？

A：没有科学依据，我们不能用手捏宝宝的鼻子，宝宝的鼻腔比成人短，黏膜娇嫩，血管丰富，如果经常捏宝宝的鼻子，会影响他的呼吸，损伤鼻黏膜和血管，从而影响宝宝健康。此外，捏宝宝鼻子时，鼻黏膜也会有疼痛的感觉，让宝宝感觉不舒服，影响宝宝的情绪。（在和宝宝玩耍时，也不要以捏小鼻子的方式来逗宝宝）

50 宝宝的脸蛋不能随便捏是真的吗？

Q：宝宝的脸蛋不能随便捏，否则宝宝以后会经常流口水，这种说法是真的吗？

A：不用过于担心，但要适度。宝宝刚出生的前 3 个月，由于中枢神经系统和唾液腺的功能尚未发育成熟,因此唾液很少,这个阶段即使你捏了宝宝的脸,宝宝也很少流口水。但随着宝宝不断长大,唾液腺逐渐分泌旺盛,尤其是6个月后,由于出牙时神经受到刺激,促使唾液分泌增加,而宝宝的口腔底较浅,吞咽功能尚未完善,所以这时爸爸妈妈会发现,宝宝的口水明显增多了,就算你不捏宝宝的小脸,他也会口水不断。因此,宝宝流不流口水与捏不捏他的小脸并没有直接关系。不过,宝宝的脸颊皮肤在宝宝时期都比较薄嫩,免疫力也相对较弱,过多地抚摸或揉捏,会造成宝宝的皮肤损伤、感染,对宝宝的健康也是没有好处的。因此,亲吻、抚摸宝宝的小脸要适度。

51 多大宝宝可以使用防晒霜呢?

Q：小美老师,请问一下,多大宝宝可以使用防晒霜呢?选择什么样的防晒霜好?

A：您好,6个月以上的宝宝,可以酌情使用宝宝专用的混合防晒霜或者宝宝隔离霜。另外,在选择防晒霜时,要选择合适的防晒指数。对于宝宝们,多数建议使用SPF30和PA++以上的防晒霜。

52 2 个月宝宝天热时可以不穿袜子吗?

Q：小美老师,我家宝宝2个月,天气太热可以不穿袜子吗?

A：炎热的夏天,室内温度在26℃以上时无须给宝宝穿袜子,穿袜子和穿衣服的作用一样,如果不冷可以不穿。

53 天冷，宝宝小手冰凉用加衣服吗？

Q：小美老师，天冷了宝宝的小手总是凉的，需要额外添加衣服吗？

A：宝宝的心脏力量相对较弱，每次泵血后到达四肢末端的血量很少，我们就会感觉宝宝的手脚比较冷。只要家长摸着宝宝的颈部和背心处是温暖的，就不用担心。

54 怎么才能知道宝宝现在冷不冷？

Q：小美老师，怎么才能知道宝宝现在冷不冷？

A：您好，一般用摸额头和手心的方法都是不准确的，摸脖子后面才有效，如果凉就说明宝宝现在有点冷，如果有汗说明宝宝现在有点热。

55 小宝宝到底要穿多厚才合适？

Q：小美老师，小宝宝到底要穿多厚才合适？

A：很多时候，妈妈总觉得宝宝小要穿厚点，宁可热着也不要冻着，其实千万不要捂着宝宝，通常爸爸穿几件就给宝宝穿几件是最合适的。

56 给1岁的宝宝买鞋有什么讲究吗?

Q：小美老师，请问给1岁的宝宝买鞋要注意哪些方面?

A：您好，1岁宝宝还在学步期，应该选薄底、稍软的鞋子，目的在于帮助宝宝站立时掌握脚趾和脚掌的正确位置，这样有利于以后走路时掌握正确的脚的姿势。鞋子的后跟和鞋头要有一定的硬度，鞋身起到保护作用。鞋垫在足弓处有一定凸起，这种鞋子可以对足弓起到承托作用。鞋的松紧合适，千万不要选大鞋，以后脚跟处能进一个手指为宜。有异常气味的鞋子不要买，稀奇古怪的鞋子如叫叫鞋、闪光鞋也不建议买。

57 怎样给宝宝选择衣服样式?

Q：小美老师，怎样给宝宝选择衣服才安全?

A：您好，宝宝服装样式应根据宝宝不同月龄、性别和季节特点，选择不同样式。由于宝宝生长发育迅速和好动，所穿服装不应束缚其活动，不得有碍自由呼吸、血液循环和消化，不应对皮肤有刺激和损害，不应用腰带，以防约束胸腹部。因此新生儿服装样式要简单、宽松，易穿脱。上衣最好是无领小和服，掩襟略宽过中线，大襟在腋前线处系布带，以便腹部保暖。后襟较前襟要短1/3，以免尿便污染和浸湿；这种上衣适于新生儿和2～3个月宝宝。新生儿下身可穿连脚裤套，用松紧搭扣与上衣相连。这样一方面可防止松紧腰带对胸腹部的束缚，也便于更换尿布，另一方面还对下肢有较好的保暖作用，可避免换尿布时下肢受凉。

Q: 小美老师,请问一下,9 个月宝宝的户外活动需要注意哪些情况?每天的户外活动多长时间合适?

A: 9 个月的宝宝上午、下午户外活动各 40 分钟左右就可以,视天气和温度的变化而决定外出的时间,雾霾天就不要出去了。春季、冬季上午 10 点多、下午 3 点多去户外,避开很冷的时间段。夏季上午可以早一点出去,下午可以晚一点出去,避开高温时间段。

安全篇

1 **如何预防婴儿呛奶？**

Q：小美老师，我家宝宝吃奶比较急，怎样预防宝宝呛奶呢？

A：①喂奶时机适当：不要在宝宝哭泣或欢笑时喂奶；不要等宝宝已经很饿了才喂，宝宝吃得太急容易呛；宝宝吃饱了不可再喂，强迫喂奶容易发生意外。我们应该学会找准宝宝饥饿的信号。

②姿势体位正确：母乳喂养时宝宝应斜躺在妈妈怀里（上半身呈30度到45度），不要躺在床上喂奶。人工喂养宝宝吃奶时更不能平躺，应取斜坡位，奶瓶底高于奶嘴，防止吸入空气。

③控制速度：妈妈泌乳过快、奶水量多时，用手指轻压乳晕，减缓奶水的流出。人工喂乳的奶嘴孔不可太大，倒过来时奶水应成滴而不是成线流出，并且滴数滴后停止。

④注意观察：妈妈的乳房不可堵住宝宝鼻孔，一定要边喂奶边观察宝宝脸色、表情，若宝宝的嘴角溢出奶水或口鼻周围变色发青，应立即停止喂奶。对发生过呛咳的宝宝特别是早产儿，更应严密观察，或请医生指导喂奶。

⑤排出胃内气体：喂完奶后，将宝宝直立抱在肩头，轻拍宝宝的背部帮助其排出胃内气体，轻拍10分钟到15分钟后，再把宝宝放到小床上平卧，不可让宝宝趴着睡，避免宝宝窒息。

2 **如何预防宝宝发生气管异物事件？**

Q：小美老师，宝宝吃饭时候很容易呛到，怎么预防这种情况发生呢？

A：将宝宝活动范围内的小异物收好，如纽扣、硬币等；3岁以下宝宝慎吃坚果、豆类和黏冻食品（汤圆、果冻等）；宝宝吃饭时不要说话，不要逗他大笑；走路时最好嘴里不含食物。

③ 如何预防宝宝被食物烫伤？

Q：小美老师，宝宝在吃饭的时候吃得很急，很害怕他会烫伤，怎么预防呢？

A：食物烫伤通常是指宝宝在进食时由于食物的温度过高而导致宝宝受伤的情况。人的口腔、食管和胃的正常温度为 36.5℃ 到 37.2℃。而人的口腔黏膜、食管黏膜、胃黏膜只能耐受 50℃ 到 60℃ 的温度，超过这个温度，食管和胃的黏膜会被烫伤。生活中，热汤、热水或刚泡好的茶水、咖啡都有可能导致宝宝被烫伤。早上给宝宝煮的鸡蛋，由于刚从锅里捞起来，温度还很高，如果食用不当可能烫伤儿童。在给宝宝喂稀粥时，也容易导致宝宝被烫伤。因为很多稀粥表面温度较低，但由于不容易散热，里面温度却很高。因此，稀粥也可能烫伤宝宝。火锅或麻辣烫等食物，由于刚从锅里捞起来，温度很高，也可能烫伤宝宝。所以在生活中出现被食物烫伤的案例大多数都是因为父母的粗心大意，或一时的疏忽。我们在生活中要小心谨慎，多考虑宝宝的安全，就会最大限度地避免被食物烫伤的事情发生。

④ 宝宝在进食时需要注意什么？

Q：小美老师，我家宝宝 2 岁了，请问在进食的时候需要注意些什么呢？

A：宝宝不能独自进食，在进食（特别是吃鱼、大块食物）时应有成人看护，并注意进食环境安全。进餐时不看电视、玩玩具，每次进餐时间不超过 20 分钟。进餐时喂养者与宝宝应有充分的交流，不以食物作为奖励或惩罚。父母自身应保持良好的进食习惯，成为宝宝的榜样。

5 宝宝饮食卫生应该注意什么？

Q： 小美老师，宝宝平时吃饭的时候，饮食卫生都有哪些地方需要注意呢？

A： 俗话说"病从口入"，饭前便后要洗手，不喝生冷水，生吃瓜果洗干净，不吃腐烂变馊的饭菜。饮食上不讲卫生，就可能得寄生虫病和急性肠胃炎、痢疾等疾病。

6 如何安全地喂宝宝吃药？

Q： 小美老师，我家宝宝最近感冒了，给她喂药需要注意什么呢？

A： 其实想要给小孩一个安全用药的环境，就需要做到：①给小孩服用的药，一定要选用儿童专用药。②因为小孩的发育还没有完善，所以若药品说明书上注明是肾功能不全者不能服用的药，就一定不要给小孩服用。③不使用一些容易使小孩过敏的药。④药物要用箱子装好，并且要放在小孩不能拿到的地方。

7 宝宝食物中毒怎么办？

Q： 小美老师，宝宝吃错东西食物中毒都有什么表现？怎么处理呢？

A： 食物中毒是一种能够危及生命的急症，食物中毒的表现有轻有重：轻的会恶心、呕吐或拉肚子，重的大便会带有脓血和黏液，甚至出现吞咽困难、失语等症状。发现食物中毒应立即就近送往医院进行治疗。若离医院路程远，除了请求帮助外，还要根据情况进行简单处理：恶心、肚子痛的，可设法催吐、喝淡盐水，有条件的可以吃少量的抗生素等药物。

8 如何防止宝宝在家中误食中毒?

Q: 小美老师, 宝宝在家抓到什么东西都往嘴里喂, 如何防止宝宝误食中毒呢?

A: 管理好家里的药品, 防止误食中毒。家里的药品不要到处乱放, 最好是找一个有锁的柜子经常锁好。妈妈的化妆品不要让宝宝玩耍, 卫生间、厨房里的清洁剂、消毒液, 都要把盖拧紧收好, 尽量放到宝宝摸不到的地方。另外, 家中用于灭鼠、灭蟑螂的药物, 要放在隐蔽处, 最好等宝宝晚上睡觉后再放, 第二天在宝宝起来活动前要收拾干净, 防止宝宝误食引起中毒。

9 "洋"食品一定比国产食品更安全吗?

Q: 小美老师, 我身边有好多妈妈都给宝宝买进口食品, 进口食品真的更安全吗?

A: 从有关部门的抽查结果可以看出, 进口儿童食品也并非百分之百的完美。因而在给宝宝选择食品的时候, 不能迷信于一个"洋"字。

10 宝宝磨牙期有哪些需要注意的地方?

Q: 小美老师, 我家宝宝现在开始磨牙了, 看着他难受我也难受, 要怎么办呢?

A: 宝宝磨牙时期确实很难受, 有可能会有口水不断、低热、频繁夜醒等症状出现。很多宝妈会给宝宝买磨牙饼干, 但要注意磨牙饼干一定要足够硬, 不然很可能宝宝一咬就咬下一大块, 导致窒息。在购买饼干时不仅要注意硬度足够, 还要查看成分表, 是否含防腐剂、糖、盐、食品添加剂以及宝宝过敏的物质。如果妈妈们实在担心, 可以选择购买硅胶或橡胶的咬咬胶, 能够很好地缓解宝宝出牙期的疼痛。

11 如何预防宝宝铅中毒?

Q: 小美老师,很多人说宝宝铅中毒后果很严重,我们要如何预防呢?

A: 首先,家中少用含铅的厨具、食物容器、油漆颜料、
化妆品、釉彩陶器,在为宝宝选择陶瓷餐具时,一
定要选择质量过关企业生产的。劣质产品,其铅溶
出量往往超过国家标准。尽量减少宝宝在马路上的
时间,特别是汽车流量高时。宝宝太小时不要带他
到污染严重的地方去,如对三废处理不力的工厂厂
区。住房装修应尽可能用无铅涂料,特别是儿童的

卧室。要教育宝宝养成良好的学习习惯,不要咬铅笔头。少食或少饮用罐
头食品或饮料,少吃爆米花、含铅皮蛋等食品。要让宝宝多摄入含锌和铁
的食物,可抑制或减少铅的摄入。调整膳食结构,也可以抵御铅的毒性危害。
富含维生素的食品如枣、海带、海鲜以及叶类蔬菜、胡萝卜都可以帮助儿
童把铅排出去。

12 宝宝被鱼刺卡到怎么办?

Q: 宝宝吃鱼时不小心被刺卡着了,给宝宝喝点醋有作用吗?

A: 建议您及时去医院就医,医生在喉镜下能轻松将鱼刺取出,千万不要使用
一些土方法以免加重对宝宝的损伤。

13 宝宝采用什么睡姿最安全?

Q: 小美老师,我们都知道趴着睡很危险,那么侧躺着睡可以吗?

A: 侧睡的时候宝宝很有可能滚动时变为趴着睡,很不稳定。且宝宝由于侧睡
压迫着胃,猝死的风险和趴着睡是差不多的。所以最安全的睡姿应当是仰
卧睡觉。

14 宝宝可以和爸爸妈妈同床睡吗？

Q: 小美老师，我们夫妻俩担心宝宝自己睡半夜会哭，能让他和我们一起睡吗？

A: 美国儿科学会建议宝宝与父母同眠而不同床。这样，双方可以相互听见、看见或摸到，也方便母亲母乳喂养、安慰和观察宝宝。近年来，关于危险的睡眠环境造成宝宝猝死的新闻越来越多，尤其是同床睡或在沙发、椅子上睡着的情况下造成的宝宝猝死。因此，最好的方案是母婴同室但不同床。

15 真的不能给宝宝穿连帽衫吗？

Q: 小美老师，我在给宝宝买衣服时听说不能买带绳子的连帽衫，这是为什么呢？

A: 美国消费品安全委员会曾经收到过多起儿童玩滑梯时被拉绳勒死等由于衣服拉绳造成的死亡报告。中国《童装绳索和拉带安全要求》和《儿童上衣拉带安全规格》也建议幼童上衣的风帽和颈部不使用拉绳。宝宝由于自身防范意识不强，在玩耍时很容易被机械卡住衣服拉绳，所以妈妈们要尽量避免给宝宝购买带有拉绳的衣服。

16 在给宝宝穿衣服的时候要注意什么？

Q: 小美老师，平时我们在给宝宝穿衣服的时候有哪些需要注意的地方呢？

A: 小宝宝的穿衣是需要妈妈们特别注意的事情。
①宝宝的手套、袜子、帽子、贴身的衣物里都会有线头，妈妈们要认真把这些线头剪掉，不然有可能会扎到宝宝娇嫩的皮肤。
②给宝宝穿衣服时，妈妈最好把胳膊伸进衣服里，或把衣服翻面看看有没有小的细线，以防勒到宝宝。
③最好先将头发扎起来再给宝宝换衣服、尿布等，避免掉落的头发缠绕在宝宝的四肢或者私处。宝宝的皮肤很脆弱，一旦发生缠绕很容易损伤皮肤，严重的可能会造成血液流通不畅导致截肢。

17 冬天给宝宝保暖有哪些安全隐患?

Q: 小美老师，现在马上入冬了，要怎样给宝宝保暖呢?

A: 秋冬给宝宝保暖确实是件大事，宝妈们要注意以下几点:

①不要给宝宝穿得过厚，睡觉不能盖太多。很多老人喜欢一到冬天就给宝宝穿得里三层外三层，睡觉时候也是捂着大棉被，这样很容易导致捂热综合征。捂热综合征也称蒙被缺氧综合征，是宝宝在寒冷季节中较为常见的急症之一。

②切勿给宝宝使用热水袋。使用热水袋一方面要当心热水袋爆炸，另一方面，宝宝睡觉时翻动较少，容易导致热水袋长时间处于同一位置，造成低温烫伤。

③不要长时间给宝宝使用电热毯。宝宝夜间尿床很容易导致电热毯短路，同时，长时间使用电热毯也会使宝宝大量出汗，严重会脱水导致疾病。

18 宝宝使用护肤品应该注意什么?

Q: 小美老师，给宝宝选择护肤品时应该注意什么呢?

A: 宝宝皮肤角质层薄而嫩，加上皮肤生理调节功能差，他们对于外界的热、光、衣服等机械摩擦的刺激忍受能力弱，如果皮肤护理不当，会引起一系列皮肤异常，导致尿布皮炎、痱子、皮脂皮炎、宝宝湿疹，甚至各种过敏症状，因此正确选择使用护肤清洁用品，可以防止或减轻宝宝的种种皮肤异常。

①成人护肤品宝宝不能用。

②宝宝护肤品功能力求简单。

③清水有时是最佳清洁剂。

19 如何预防指甲划伤宝宝的皮肤？

Q：小美老师，我家中请了月嫂，总是担心月嫂的指甲划伤宝宝的皮肤，怎么预防呢？

A：宝宝的皮肤是很脆弱的，稍有不慎就容易被划伤。因此，家长一定要注意，不要让自己的指甲成为宝宝皮肤的杀手。在宝宝出生后，父母或者接触宝宝的育婴员应将指甲修剪整齐，并且要打磨光滑，不要带刺，以免划伤宝宝。在给宝宝洗澡、洗脸、穿衣服的时候，动作要轻柔，不要生硬。

20 给宝宝洗澡时需要注意什么？

Q：小美老师，平时给宝宝洗澡应该怎么操作呢，需要注意什么？

A：①洗澡时间：宝宝洗澡时间不可过久，父母应尽量将洗澡时间控制在 5 ~ 10 分钟。

②洗澡频率：宝宝的皮肤厚度只有成人的一半，爸爸妈妈如果过度清洗，反而会伤害他们的肌肤，冬季时一周内洗澡 1 ~ 2 次即可，夏季则建议 2 天洗 1 次澡。

③水深度：纵使家长无时无刻不陪在宝宝身边，但在帮宝宝洗澡时，难免出现手滑的时候，如果此时水过深，宝宝不小心滑进浴盆内，就会发生呛水或溺水情形。建议爸爸妈妈将水深高度控制在 10 厘米以下，最好介于 7 ~ 8 厘米之间，若宝宝已经能靠自己的力量稳稳坐着，水深最高则可到宝宝的腰部。

④水温：适合宝宝的洗澡水温为 36 ~ 39℃，夏天可控制在 36℃左右，冬天则为 38℃，但仍必须观察宝宝对于水温的反应，再进行适度调整。建议家长准备一个温度计，把洗澡水放好并完成测量后，再将宝宝放入澡盆，除此之外，还要避免地板湿滑，并遵循先放冷水再放热水的顺序。

⑤水龙头与宝宝的距离：年纪较小的宝宝，四肢与心智尚未发育完全，通常不会主动碰到水龙头，但 8、9 个月以上的宝宝，开始对外界感到好奇，会借由双手摸索各种新奇物品，所以父母最好不要将宝宝的澡盆放在浴缸

里，建议把澡盆放到干燥的地板上，才可避免宝宝碰到水龙头或水管等物品。

⑥慎选洗澡玩具：为了让宝宝爱上洗澡，许多家长会购买玩具、浴室专用蜡笔或洗澡书，让宝宝能一边洗澡、一边玩乐。不过，这些产品有可能含有塑化剂、双酚A或其他化学毒素，宝宝在使用的时候，可能会经由啃咬将这些毒素吃下肚，甚至会遇热溶解，所以父母应选择具有安全标识的玩具，并避免购买尖锐、太小的玩具。

⑦不可与成人共用沐浴乳：建议父母用温水帮宝宝洗澡、洗头即可，若担心无法清洗污垢，也应购买不含防腐剂、天然的宝宝专用洗沐用品。

⑧浴室温度及通风：有窗户的浴室，是最佳洗澡环境，若浴室没有窗户，建议夏季在帮宝宝洗澡时将门打开，维持浴室空气流通，冬季若没有电暖器帮助提升室内温度，不开门窗也没关系，原则上只要大人觉得温度舒适即可。

⑨不可独留宝宝在浴室：将宝宝一人留在浴室，是最容易发生危险的情况，家长在帮宝宝洗澡之前，一定要把衣物、毛巾、纸尿裤、棉花棒等所有物品备齐，并放在浴盆附近，且洗澡时须全程陪在宝宝身边，一点点的水渍，都可能使1、2岁的宝宝滑倒，很多在浴室发生的溺水案件，也是因为父母转头拿个东西或离开宝宝身边处理其他事情造成的。

21　如何防止宝宝在家中发生烧（烫）伤？

Q：小美老师，宝宝在家的时候要怎么防止宝宝烧（烫）伤呢？

A：管理好火源，防止烧（烫）伤，我们要告诉宝宝火的危险和烫伤的疼痛，特别是吸烟的父亲，要把火柴、打火机都收好。燃气灶用完后要关好总闸，防止宝宝好奇把燃气灶的开关拧开。不要让宝宝到厨房里玩，更不要抱着宝宝在厨房做饭，像热水瓶、热汤、热饭都要放到宝宝够不到的地方。

22 如何预防饮水机、开水瓶带来的伤害呢?

Q: 小美老师, 现在很多家庭都有饮水机、开水瓶, 如何预防这类物品给宝宝带来的伤害呢?

A: 很多小孩没有危险意识, 且热敏感程度低, 在危险发生后, 躲避的速度也不够快。尤其是对于2岁左右的宝宝, 不要使其离开监护人的视野。家中盛放热汤、开水的容器, 千万不要放在宝宝能接触的地方。最好是将这些容器围挡起来, 不让宝宝接触到。

23 如何防止宝宝在家中被扎伤?

Q: 小美老师, 宝宝在家到处走动, 怎样防止宝宝不小心扎伤呢?

A: 管理好刀具, 防止扎伤。家里的刀、剪、针等锐器物品都要放在宝宝拿不到的地方, 客厅不要放玻璃茶几和玻璃水杯, 防止破碎后玻璃片扎伤宝宝。1岁多的宝宝喜欢往桌子底下钻, 一定要检查桌子底下有没有露出的钉子尖, 防止宝宝把头脚扎伤, 要给宝宝使用儿童餐具, 不要让宝宝嘴里叼着筷子到处跑, 防止摔倒时筷子扎伤咽喉。

24 如何管理好家用电器, 防止电击伤?

Q: 小美老师, 家里插座、电线太多, 如何防止宝宝不小心被电击伤?

A: 管理好电器, 防止电击伤。宝宝把手指或金属棍伸进电器插孔导致电击伤的事故逐年增多。在装修的时候, 电线插座要尽可能安装在比较隐蔽、宝宝摸不到的地方。超市都有卖专门用来封堵插座孔的安全绝缘盖, 家里暂时不用的插孔, 都要用安全绝缘盖封好, 尽量不要让宝宝接近微波炉、电暖气、电风扇等危险电器。

25 有宝宝的家庭厨房安全隐患有哪些?

Q: 小美老师, 请问下家里有宝宝的话, 厨房应该要注意哪些安全隐患呢?

A: ①在厨房里剪刀、刀叉等锋利物品要单独
地锁在柜子里。

②洗涤剂和危险用品都要放置在高处; 厨
房内不要使用小型冰箱, 以免小儿误开造
成伤害。

③注意厨房不用时要关好煤气, 将锅的把
手转到炉灶的后面, 避免小儿误碰。

④让宝宝远离所有烫的东西, 也不能一边
抱着宝宝一边拿着热饮。

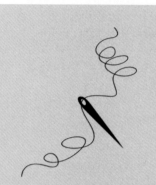

⑤厨房中可以留一个"安全橱柜", 在里面放置一些木质、塑料的餐具、
容器等, 供宝宝探索和玩耍。

⑥柜子用完要锁起来, 以防宝宝玩弄柜子时夹到手。

26 有宝宝的家庭卫生间需要排查哪些安全隐患?

Q: 小美老师, 我家小宝快 2 岁了, 卫生间需要排查哪些安全隐患呢?

A: ①卫生间里的化妆品要放在高处, 地上及浴缸中最好铺上防滑垫, 以免宝
宝滑倒摔伤。

②水龙头的热水注意水温不能过高, 以免宝宝误开后烫伤。

③注意卫生间里的水桶等储水器具千万不能储水, 马桶要盖上盖子, 一定
不可大意, 很少的水也可能让宝宝发生溺亡, 因此永远不能让宝宝独自进
入卫生间。

④要确保锁着的卫生间门可以从外部打开, 以免宝宝被独自锁死在卫生
间里。

Q：小美老师，育儿嫂经常带宝宝在客厅玩，有哪些安全隐患需要排除呢？

A：①桌子的边角要套上边角防护套，防止儿童碰伤擦伤。并且不要在桌子上放桌布，避免儿童拉扯桌布被桌子上的物品砸到。

②不要让宝宝自己爬楼梯。现在有些复式楼家里有楼梯，宝宝爬上楼梯很容易跌落下来，因此不能让宝宝爬楼梯。

③不要让宝宝爬玄关。有些家中的玄关里有一格一格的鞋柜或者置物架，宝宝很容易攀爬摔伤，家长最好不要让宝宝接近玄关。

④宝宝在门边玩耍，很容易就会被门夹到手。因此，家长应该安装安全挡门器，并在开门前先确定宝宝的位置。

⑤阳台切勿有可以攀爬的物体，也尽量不要让宝宝独自前往阳台，以免发生危险。

Q：小美老师，我家小宝今年 8 个月了，开始学习爬行了，想给他买爬行垫，请问要怎么挑选呢？

A：当宝宝开始爬行时，宝妈们要给宝宝营造一种安全舒适的爬行环境，爬行垫就成了很多妈妈的选择。但是在 2017 年北京市消协对市面上的宝宝爬行垫进行抽检时，35 种爬行垫里有六成检测出了有害物。所以宝妈在选择爬行垫时一定要记得：（1）优先选 PVC 或 XPE 材质。这两种材质相对于常见拼接垫的 EVA 材质来说要安全得多。（2）一定要看检测报告。大多数爬行垫有 SGS 认证和 3C 认证，可以放心购买。

29 家中小物品和玩具容易出现安全问题的有哪些?

Q: 小美老师,我最近给宝宝买了很多玩具,但是担心会有安全问题,有哪些地方需要注意呢?

A: 管理好家里的小物品和玩具,防止宝宝因吞下异物而窒息。家里越是小的东西,越容易吸引宝宝注意,而且捡起来就往嘴里放,特别是 3 岁以下的宝宝。在给 3 岁以下的宝宝买玩具时,我建议不要买那些有零部件能够放到嘴里的玩具,也不要买带尖头或有锋利边缘的玩具,宝宝在玩气球一类的玩具时,我们也一定要格外留心,防止他把破碎的气球皮放入嘴里引起气管堵塞,宝宝的手边不要有容易造成窒息或危险的东西,如硬币、笔帽、玻璃球、纽扣等等。

30 家庭中凳子和沙发床也存在安全隐患吗?

Q: 小美老师,如何预防家中凳子和沙发床等存在的安全隐患呢?

A: 对还不会走路的宝宝来说,在有高度的家具上坐或躺,时刻都有危险。家长一定要精心看护好 1 岁半以下的宝宝。睡觉时,床边应加放遮挡物,或在地上铺地毯等,防止宝宝跌落受伤。茶几、电视柜的四个角,最好用布等包住,以防宝宝摔倒时额头、眼睛碰上去。

31 家庭常见安全隐患处理方法有哪些?

Q: 小美老师,我们平时在家里要注意哪些安全隐患呢?

A: ①给垃圾桶加上盖子,或者放在宝宝够不到的地方。
②经常检查地板上是否有硬币、纽扣、别针、螺丝等小部件,以免小儿误食。
③收纳好塑料袋,宝宝独自玩塑料袋可能造成窒息风险。
④窗户旁边不能放座椅、沙发等可以攀爬的家具。
⑤不要将宝宝单独留在无人看护的摇篮中。

32 如何预防家中楼梯给宝宝带来的意外伤害?

Q: 小美老师,我家有楼梯,怎么防止宝宝因为楼梯而意外受伤呢?

A: 不要让宝宝独自在楼梯旁边玩耍,更不能让宝宝独自上下楼梯。在宝宝还没有学会上下楼梯之前,如果室内有楼梯,要耐心陪宝宝学会走楼梯。楼梯旁的护栏与护栏之间的距离不能太大。因为太大了,宝宝容易将头伸进去而从栏杆缝隙中掉出去。还要特别注意楼梯顶部。楼梯顶部一定要有门,而且平时门要锁着。防止宝宝一个人爬上楼顶。不管是白天还是晚上,楼梯都要有良好的照明,楼梯上也要做防滑,以免宝宝摔伤。

33 有宝宝的家庭养宠物有哪些注意事项?

Q: 小美老师,我家有小宠物,请问带宝宝的时候需要注意什么呢?

A: ①养宠物之前,先带小宠物去医院体检,并注射相关的健康疫苗。

②训练宠物的基本生活习惯,如在哪进食、在哪睡觉、在哪排泄等。

③不要让宝宝用手直接给宠物喂食,教给宝宝将食物放到宠物饭盒里,让宠物自己食用。

④宠物的餐具用过后,要立即清洗干净,并用开水消毒,避免宝宝触碰。

⑤宠物的排泄物要迅速打扫干净。

⑥不要让宠物舔宝宝,防止宠物把病毒传给宝宝。

⑦室内经常通风。

34 宝宝坠床了怎么办?

Q: 小美老师,宝宝从床上摔下来了,请问怎么办?

A: 您好,宝宝坠床后不要立即将宝宝抱起,先观察有无活动性出血和肢体运动障碍。有出血,立即按压止血;有活动障碍,注意制动并送到医院。坠床落地部位若发生肿胀,用冰块或凉毛巾冷敷,减少肿胀。有意识异常的表现,要到医院就诊。注意:平时尽可能让宝宝在地垫上玩耍。

35 宝宝摔倒磕肿颧骨怎么办？

Q：小美老师，宝宝摔跤磕到颧骨，肿了，没出血，怎么消肿呢？

A：如果仅仅是局部肿胀，宝宝精神状态没有问题，可以前2天冷敷，减少皮下出血，然后进行热敷，消肿之后可能会出现局部的小坑，这是因为皮下胶原组织被磕断造成的，可以通过按摩恢复。现在也要多观察，看宝宝有无其他不适，宝宝会走会跑了就要时刻注意安全，希望宝宝快点康复。

36 宝宝被热水烫伤怎么办？

Q：小美老师，宝宝被热水烫伤了在家应该做哪些处理？

A：宝宝妈妈别着急，如果宝宝只是皮肤发红，请在流动水下冲洗20～30分钟，快速降温防止水泡的出现。如果已经出现水泡就不要冲洗了，可以盛盆凉水将宝宝的手浸泡在水里降温散热，可减轻疼痛和烫伤程度。初步处理后及时去医院让医生进行处理。

37 宝宝头部摔伤怎么办？

Q：小美老师，我家宝宝不小心摔到头了应该怎么办？

A：①如果宝宝撞到头之后立刻大哭，不久后恢复正常，通常不必太担心。如果宝宝撞到头之后不哭不闹，脸色发青、呕吐、痉挛时，必须马上送医院急救。②宝宝撞到头部后，即使当时没有任何症状，也要观察至少24小时，48小时则更为安全。如果宝宝出现嗜睡、手脚无力、哭闹或头痛等异常情形，应该到医院做进一步检查。

③急救措施：

a. 情况危急时不要摇晃宝宝的身体。

b. 不要揉搓瘀青处，这样反而会使皮下出血。

c. 头部肿起大包，可用冰袋或湿毛巾冷敷。24 小时到 48 小时后改为热敷。

d. 观察是否有局部的骨板凹陷。如果有，则可能是颅骨受外力冲撞导致破裂或下陷，需要及时送医院进一步检查。

38 如何正确地止血?

Q: 小美老师，宝宝在家时不小心受伤流血了，应该怎样止血呢?

A: 正确的止血方法有：加压包扎法、填塞止血法、手压止血法、止血带止血法等。止血带上好后要有标记，用纸片或布条写上使用止血带的部位和时间，并立即送医院，运送途中，要每隔一小时放松止血带一次，间隔 1 ~ 3 分钟再绑上。当给伤员放松止血带时，要先压住血管，缓缓放开，不要使伤口随意出血。

39 如何预防家庭中宝宝发生摔伤?

Q: 小美老师，我总是担心宝宝在家会不小心摔了，应该怎么预防呢?

A: 像 1 岁以下的宝宝基本生活都在床上，地上最好铺上拼插爬行垫，防止宝宝从床上掉下来摔伤，一般 1 岁以后的宝宝就开始攀高，但这时他们的平衡能力又很差，容易摔倒，我们要特别注意，房间的地上不要太滑，要给家具的尖角加上保护套，防止宝宝摔倒时撞伤。住楼房的不要让宝宝在窗台上玩，窗户的锁扣不能轻易让宝宝打开，最好加上防护栏。

40 如何预防宝宝发生跌落？

Q: 小美老师，我家宝宝现在已经会走路了，怎么预防不小心跌落呢？

A: 当宝宝已经能够走路时，保持家中的地面干燥，特别是洗手间，十分重要。你的宝宝已会爬上沙发等，因此，靠窗不要放置凳子和沙发等家具。为楼梯装上安全门。在可能使你的宝宝受伤的地方，随时关上门。在一楼以上的窗上，安装护栏。保证家具是牢固地靠墙而立，带有尖角的家具全部包边。如果你的宝宝有严重跌伤，或跌落后行为不正常，立即送去医院治疗。

41 如何预防宝宝从窗户坠落？

Q: 小美老师，很多家庭卧室窗户很矮，而且长期不锁。一旦宝宝淘气或无意识爬过这些危险窗口，如何避免发生悲剧呢？

A: 有宝宝的家庭，应该检查窗户情况，最好能上锁，或装上防护网。需要特别留意的是，一定不能在阳台放凳子。因为很多宝宝喜欢攀爬凳子，如果爬上凳子，重心不稳，就可能摔下高楼。

42 7个月宝宝去室外活动时要注意什么？

Q: 小美老师，宝宝7个月了，户外活动时间也越来越长，需要注意哪些方面呢？

A: 在天气条件允许的情况下，把宝宝带到室外活动是非常必要的。尽管爸爸妈妈工作繁忙，但还是要在星期天或其他节假日里，带宝宝到公园等休闲场所去，这样不仅能够增强宝宝的免疫力，而且也会让宝宝感受大自然的奥妙。

尽管这个月龄的宝宝已经能坐得很稳，但不要总让宝宝坐在宝宝车里，应选择一个比较安全的地方，再铺块垫子，把宝宝放到垫子上，让宝宝坐着或爬着玩。也可以让宝宝看看天上的风筝，听听小鸟的叫声，摸摸嫩绿的小草，感受一下大自然。喜欢小伙伴是所有宝宝的天性，如果住处附近有儿童活动场所，也可以把宝宝带到一个比较安全的地方，让宝宝观看。无论采取什么方式，也不管到什么场所，天气好的时候，抱着宝宝出去走走，晒晒太阳，进行一下户外活动，多见见世面。宝宝开了眼界，大脑会发育得更快，胆子也会变大。宝宝总出去见不同的人，即使有很多人在也不会害怕，逗也不哭。

43 带宝宝坐车需要注意什么？

Q：小美老师，我们一家人想带宝宝去自驾游，请问宝宝坐车需要注意什么呢？

A：①注意开窗通风：宝宝的呼吸道比较敏感，免疫力发育不全，空气不流通、干燥，温度过高等都容易引起宝宝呼吸道疾病。

②常备垃圾袋和免洗洗手液：宝宝在坐车过程中可能会发生晕车呕吐等情况，也会在坐车过程中饮食，因此应备垃圾袋，保证车内环境卫生。同时，出门游玩会遇到不方便洗手的情况，此时免洗洗手液就非常必要了。

③让宝宝坐在安全座椅上，且安全座椅应当放置于后座：曾有多地新闻报道家长将宝宝的安全座椅放在前排，发生事故安全气囊弹出导致儿童重伤，因此，一定要让宝宝坐在后座的安全座椅上。

④要有专人看护：宝宝由于年纪小，没有自主行为能力，且好奇心较强，很容易分散驾驶员的注意力，因此，带宝宝出门坐车一定要有专人看护。

44 宝宝不肯坐安全座椅怎么办？

Q：小美老师，我家宝宝 2 岁多了，怎么都不肯坐安全座椅，怎么办呢？

A：家长在宝宝坐安全座椅这件事上千万不能妥协，可以采用以下步骤引导宝宝坐安全座椅：

①让宝宝觉得坐安全座椅是一件值得骄傲的事情：家长在安装安全座椅前可以告诉宝宝："这是你的专属宝座，是其他人都不能坐的，只属于你的。"这样宝宝就会以坐安全座椅为荣，兴高采烈地坐进去了。

②让宝宝知道坐安全座椅的重要性：可以和宝宝一起观看测试安全座椅的视频录像，并告诫宝宝如果不坐安全座椅会有多危险，这样宝宝就会有坐车就要坐安全座椅的意识了。

③让宝宝适应系安全带：有的宝宝会因为安全带的束缚感而拒绝坐安全座椅，这时宝爸宝妈们可以给宝宝准备一些小点心、柔软的玩具等转移宝宝的注意力，当他挣扎的时候，可以满足他一些合理的要求，但是要注意不能在行车过程中给宝宝带棍儿的食物，如棒棒糖等。

45 如何给宝宝选购手推车？

Q：小美老师，我准备给宝宝买个手推车带他出去玩，购买时应该怎么判断手推车质量呢？

A：选购合适安全的手推车是对宝宝安全的一大保障。购买时候妈妈们要注意以下几点：

①手推车是否有安全带以及自动锁定装置。宝宝出门时长时间都是待在手推车里的，最好选择点式安全带的手推车。同时，要看推车时有没有自动锁定装置，以防没注意到手推车时发生意外滑动造成严重后果。

②手推车的稳定性非常重要。手推车应当符合底盘低、底座宽大两个要求。妈妈可以将手轻按在手把上，看看手推车会不会向后倒。

③一定要试用手推车。主要观察车轮是否灵活，行走时脚会不会触碰到车轮，以及在斜坡上时手推车能否保持稳定。

46 如何预防超市购物车带来的意外伤害？

Q：在超市时我看到好多家长会把宝宝放在购物车里，这样会有什么意外吗？

A：很多家长去商场购物的时候，常常把宝宝放在购物车里，这样可以减少很多麻烦。但是一定要注意安全，千万不要把宝宝独自留在购物车上。家长对商品的专注，可能给宝宝带来意外。依照超市规定，把宝宝安置在购物车特定的座位上，同时小心看护，不要让宝宝攀爬或站立，一定要为宝宝系好安全带。不要把宝宝放在购物车的购物篮里，购物篮没有固定装置，不适合易动的宝宝。不要让宝宝站在购物车上，这样易造成重心不稳而发生危险。小心宝宝的手指或脚趾夹到购物车的缝隙里，放取宝宝时应先检查一下。不要让宝宝推着购物车在超市里乱跑，撞到货架、售货员、手推车都很危险。

47 外出时如何预防宝宝发生跌倒意外受伤？

Q：平时带宝宝外出，怎么预防宝宝在玩的时候跌倒呢？

A：楼梯栏杆必须坚固且易于抓扶；台阶处光线充足，避免看不到而碰撞或踩空；地面保持干燥、整洁，以免滑倒或绊倒；选择适合宝宝年龄、身高、体重的游戏器材；户外游玩，要先检查游戏器材是否牢固。

48 宝宝去公园需要注意什么？

Q：宝宝每天都要去公园逛一逛，请问有哪些需要注意的地方吗？

A：在宝宝玩得高兴时就往往容易出现安全意外。因此常常发生像从滑梯的高处急速冲下，不慎触到地面而受伤，或从滑梯上跌下之类的事故。家长一定要看管好宝宝。公园里许多电线留有安全隐患，很容易造成安全事故，有些电源箱没有外壳，有些没有上锁，有些是电源线裸露。很多宝宝出于好奇或贪玩儿，打开电源箱，拨弄电源闸，容易造成安全事故。大多数公园都有池塘或湖泊，而且很多是没有围栏的。对年龄较小的宝宝来说，如果没有家长看护，容易造成落水。如果宝宝在水边嬉戏，尤其是未满五岁的儿童，就算留在浅水处几分钟，溺水危险也是极大的。在冬季，尤其是北方宝宝在薄冰或不坚实的冰上行走或玩耍时，容易出现冰面破裂而使宝宝落水的情况。在没有大人监护的情况下，一定不要让宝宝独自去玩耍，家长一定要看护好宝宝。

49 宝宝被蚊子咬了怎么办？

Q：宝宝被蚊子咬了需要怎么处理才好？

A：宝宝皮肤娇嫩、敏感性高，被蚊虫叮咬后容易出现局部红肿，涂药需要根据红肿的程度等具体情况来定。被蚊子叮咬后局部只是稍微红肿、痒，用绿药膏外涂即可。把宝宝的指甲修剪干净，以免抓破皮肤而引起继发感染。如果被蚊子叮咬后皮疹比较多，痒得比较明显，可以局部用炉甘石洗剂外涂来减轻症状，也可以用地奈德乳膏外涂。如果被蚊子咬了后皮疹范围比较大，痒得特别明显，除了局部涂药之外还可以口服抗过敏的药物，如盐酸西替利嗪或者氯雷他定等。

50 如何预防宝宝发生溺水？

Q：小美老师，平时带宝宝的时候怎么预防宝宝溺水呢？

A：不让宝宝单独留在澡盆、使用中的洗衣机旁；选择安检合格、有专业救护人员的游泳场所；雨后留意住家附近积水情况；去嬉水乐园玩时，即使离开一分钟，也要将宝宝抱离水池；将家里的鱼缸、水桶加盖。

51 宝宝中暑了怎么办?

Q: 夏天天气炎热，宝宝出门中暑了怎么处理呢？

A: 由于宝宝体温调节能力弱，机体功能发育尚未健全，在一些高温高热环境下，易诱发中暑。可表现为皮肤潮红、发热、干燥、烦躁不安、哭闹，严重可引起困乏、倦怠、抽搐情况。一旦明确有中暑表现，需及时远离高温，移至低温室内，通风环境下，仰卧位，可用湿毛巾擦拭头部、身体，或者洗温水浴，让其尽快散热。同时可结合宝宝反应，适量服用一些淡盐水、绿豆汤，观察消退缓解情况。如中暑症状较为严重，需及时就诊治疗，采取补液葡萄糖，纠正电解质紊乱，对症治疗。

52 带 15 个月宝宝回老家需要提前做什么准备?

Q: 小美老师，我家宝宝 15 个月了，我们打算过年回老家，怕宝宝回去不适应，我们需要提前做点什么准备吗？

A: 您好，阿姨会一同去吗？

Q: 不会。

A: 如果是这种情况，近期爸爸妈妈要主带宝宝，可以让阿姨做点其他工作，一方面不会因为阿姨不在而让宝宝焦虑，另一方面可以增进亲子感情，让宝宝与父母建立好的依恋关系，这样即使换了环境，有爸爸妈妈在对宝宝的影响也会很小。另外，我们需要提前告诉宝宝我们过年会去哪里，会见到谁，还会发生什么事，等等，提前让宝宝做好准备。然后，给宝宝带上他喜欢的玩具、故事书、衣服，必要的话带上宝宝的薄被，让爸爸参与育儿是必不可少的环节，生活中爸爸多陪宝宝玩一玩，给予宝宝勇敢、自信的能量，多给宝宝鼓励。

小美育儿300问